那时有风吹过

· 吴飞 主编

吉林出版集团有限责任公司

图书在版编目（CIP）数据

那时有风吹过／吴飞主编 . —长春：吉林出版集
团有限责任公司，2011.9
（心之语系列）
ISBN 978-7-5463-5775-1

Ⅰ.①那… Ⅱ.①吴… Ⅲ.①人生哲学–少年读物
Ⅳ.①B821-49

中国版本图书馆 CIP 数据核字（2011）第 128957 号

那时有风吹过

作　　者	吴 飞 主编
责任编辑	孟迎红
责任校对	赵 霞
开　　本	710mm×1000mm　1/16
字　　数	250 千字
印　　张	15
印　　数	1-5000 册
版　　次	2011 年 9 月第 1 版
印　　次	2018 年 2 月第 1 版第 2 次印刷
出　　版	吉林出版集团股份有限公司
发　　行	吉林音像出版社有限责任公司
	吉林北方卡通漫画有限责任公司
地　　址	长春市泰来街 1825 号
	邮 编：130062
电　　话	总编办：0431-86012906
	发行科：0431-86012770
印　　刷	北京龙跃印务有限公司

ISBN 978-7-5463-5775-1　　　　定价：39. 80 元

代 序

人生淡如菊

　　人的一生是要经历许多阶段的，比如说纯真无邪的少年时代，激情如火的青春岁月，厚重沉稳的中年时期，从容淡定的人生暮年。每个时候都有独特的风景，每段岁月都会给人不同的感受。可进入中年的她，突然间感觉自己，就一下从躁动中宁静下来了，不经意间就有了种坐看云起云舒，我自心境如水的超然。

　　她感到在无意中，一切都漫漫地淡下来了，常常会挂着淡淡的微笑，给人一种和谐温馨之感；常常看淡名利和物质，却看重人与人之间的感情，常常不会冲动行事，也不会轻易后悔，她会为自己的决定负责。可当她一旦爱上一个人，一定会坚守自己的那份爱，爱情的保质期是"永远"。

　　她还会在秋阳明丽的早晨或午后为自己沏一壶香茗，手捧一本书细细品位，慢慢欣赏。她懂得什么是智性美，她更愿意在闲暇的时候去学习书法音乐美术，或者去充电接受最新的科技知识，来提高自己的修养和品位，她不会把时间浪费在世俗的纷争和无聊的麻将中，更不会和别人去攀比高档名牌的服饰和虚荣的炫耀，她知道真正的美丽一定是由内而外散发出来的。

　　她想每个人的一生中的某个阶段是需要某种热闹的，那时侯饱涨的生命力需要向外奔突，就象急湍的河流一样。但一个人不能永远停留在这个阶段。经过了激烈的撞击之后，生命就来到了一块开阔的谷地，汇蓄成了一片浩瀚

的的湖泊。这时就会变得异常的平和宁静，这种脱离了世俗的宁静，是以丰富的精神内涵为依傍的。它是一种超脱，一种繁华落尽见真情的纯粹，一种精神的升华。托尔斯泰曾经说过："随着年岁增长，我的生命越来越精神化了"。说的就是这样的感触。

人淡如菊，就是一种丰富的精神安静。具有这种品格的人，能够浸润在风晨雨夕，面对着阶柳庭花，听得到自然的呼吸，感受得到自然的脉搏。这时，斗室便是八极，内心顿成宇宙；这时，精神就会富有，心胸就会博大；这时，便拥有了一份澄明清澈，一份从容淡定。人生就从此不寂寞了。

目　录

从我们出生，哭出了生命中的第一声时，我们就开始感受到，人生必定充满了泪水与艰辛，但是，也唯有这些艰难，才能突显出生命的可贵与不凡。其实，许多人的命运都经历了种种痛苦与磨难，最后的结果会有所不同，因为每个人的承担磨难的心境不同，唯有经过磨炼的生命，才能累程出坚强的生命力，也唯有历经风风雨雨的人，才知道生命的难得与珍贵。

微笑是盛开在人们脸上的花朵，是一个人能够献给渴望爱的人们的礼物。当你把这种礼物奉献给别人的时候，你就能赢得友谊，还可以赢得财富。

1

怀念过去的时光，而如今回不到从前，时间是你心里想要的良药，却不能治好那个伤口，不管多久都会还有影子，只是……我怀念过去，可时间不引许，思怀念旧，深思不虑，就这样下去吧，过好每一天，珍惜身边的人。

很多时候，我们习惯了，并习惯这某些事、某些人、某份感情。人生是有痛苦和快乐组成的，冲突的矛盾组成了生命全部，便只看个人的选择，只要快乐大于痛苦便是。

曾经拥有的不要忘记；已经得到的更加珍惜；属于自己的不要放弃；已经失去的留作回忆；想要得到的一定要努力；累了把心靠岸；选择了就不要后悔；苦了才懂得满足；痛了才享受生活；伤了才明白坚强；总有起风的清晨；总有绚烂的黄昏；总有流星的夜晚。

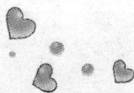

第一辑　生命的力量

从我们出生，哭出了生命中的第一声时，我们就开始感受到，人生必定充满了泪水与艰辛，但是，也唯有这些艰难，才能突显出生命的可贵与不凡。其实，许多人的命运都经历了种种痛苦与磨难，最后的结果会有所不同，因为每个人的承担磨难的心境不同，唯有经过磨炼的生命，才能累程出坚强的生命力，也唯有历经风风雨雨的人，才知道生命的难得与珍贵。

微笑着，去唱生活的歌谣

我们微笑着面对生活带给我们的一切。

微笑着，去唱生活的歌谣。不要抱怨生活给予了太多的磨难，不必抱怨生命中有太多的曲折。大海如果失去了巨浪的翻滚，就会失去雄浑，沙漠如果失去了飞沙的狂舞，就会失去壮观，人生如果仅去求得两点一线的一帆风顺，生命也就失去了存在的魅力。

微笑着，去唱生活的歌谣。把每一次的失败都归结为一次尝试，不去自卑；把每一次的成功都想象成一种幸运，不去自傲。就这样，微笑着，弹奏从容的弦乐，去面对挫折，去接受幸福，去品味孤独，去沐浴忧伤。

微笑着，去唱生活的歌谣。去把"人"字写直写火，活出一种尊严，活出一种力量，不向金钱献媚，不向权势卑躬。清贫，是一首朴素的歌；平凡，是一行亮丽的诗。微笑着，我们去唱去吟，在平静中看红尘飞舞，在孤寂中品世事沉浮。

微笑着，去唱生活的歌谣。把尘封的心胸敞开，让狭隘自私淡去；把自由的心灵放飞，让豁达宽容回归。这样，一个豁然开朗的世界就会在你的眼前层层叠叠打开：蓝天，白云，小桥，流水……潇洒快活地一路过去，鲜花的芳香就会在你的鼻翼醉人地萦绕，华丽的彩蝶就会在你身边曼妙地起舞。微笑着，去唱生活的歌谣。眼泪，要为别人的悲伤而流；仁慈，要为善良的心灵而发；同情，给予穷人的贫苦；关怀，温暖鳏寡孤独的凄凉。微笑的我们，要用微笑的力量，去关照周围，去感化周围，去影响周围，直至每一个人的脸上都挂起一片不落的灿烂。是的，就这样，我们微笑着面对生活带给我们的一切。

（马德）

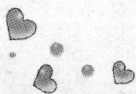

人生更短的东西

人生更短的不是你的缺陷和缺点，不要一味地掩饰、分割你的短处和不足。正视它，然后淋漓地发挥长处和优势，那么你的短就会越来越短，成功也会越来越近。

10岁那年，我从牛背上摔了下来，落下了脚跛的后遗症。我不再和同学们一起玩耍，我怕看他们的目光，更怕他们在我背后交头接耳、嘻嘻哈哈。我用自己的冷漠和孤独去对抗他们的热情、同情或嘲笑。

直到上了初中一年级，我仍没有任何朋友，也很少和同学、老师说话，每天都静静地待在教室最后面的一个角落里发呆。

后半学期，一位姓邱的老头当了我的班主任。一天下午放学后，他叫住正要走出教室的我。"可以到我的办公室做客吗?"邱老师的脸上布满了真诚和慈祥。那一刻，我的泪水流了下来。自从上学起，还没有哪位老师对我这样微笑过—不含怜悯，没有嘲笑。

邱老师让我坐下，他用粉笔在地上画了一条直线。"你能用什么方法使它变短?"

我笑了，这有什么难的。我用手指在直线上抹了一下："这不就短了吗!"

"还有其他方法吗?"邱老师仍然微笑着问我。

我又用手指狠狠地在一节线段上抹了一下："老师，它更短了。"

"还有其他方法吗?"我摇了摇头。"你看，"邱老师拿起粉笔在三节线段的旁边又画了一条更长的直线，"它们是不是更短了一些。"邱老师指着两条线说。

我点了点头，诧异地望着他，我不知道今天这老头葫芦里卖的什么药?

"刚才的短线好比人的短处，长线呢，就好比人的长处。你只在短线上抹了几下，表面上，它变短了，可事实上它还继续存在，就像人的短处，无论怎样掩饰、分割，它仍是你的短处。人生有些事情不能轻易改变，但改变另外一些东西，就容易多了。"邱老师说着，又在线段的旁边画了一条更长的线，"你看，人的长处越长，他的短处不就更短了吗？"

我不禁震住了。"我通过别的老师和同学，包括你的父母了解到，其实你有许多别的同学没有的优点，你的书法、文章都写得不错。眼光放到你的长处上，你同样可以成功、快乐。"

从此以后，我不再为我的脚跛而自卑，我的性格逐渐热情开朗起来。

人生更短的不是你的缺陷和缺点，不要一味地掩饰、分割你的短处和不足。正视它，然后淋漓地发挥长处和优势，那么你的短就会越来越短，成功也会越来越近。

（孔萁）

蔚蓝色的理想

　　　　理想的花，包孕了太久；惟其如此，绽放时，才惹得我们泪下沾襟。

海伦在没有认识车的时候就认识了船。11 岁的她已经是一个划船高手。她太迷恋那种驾一叶孤舟、纵横于水上的感觉。

海伦的父亲拉罕姆是一个优秀的弄潮儿，他的人生理想就是以最快的速度驾舟横渡 1.28 万公里的大西洋。在海伦 23 岁那年，拉罕姆决定实施自己伟大的横渡计划，但他拒绝带着一心想与他同行的海伦上路一他担心吉凶莫测的大海会吞噬了心爱的女儿。就这样，拉罕姆只身登舟，不久，一项新的吉尼斯世界纪录就在他手中诞生了。

海伦的心在那一片辽阔的蔚蓝上摇曳。当一个叫约翰的青年驾着一艘自己设计的帆船向她驶来的时候，她毅然嫁给了他。她开始寄希望于自己的爱侣，希望能与他一道去领略那 1.28 万公里的蔚蓝。然而，水波不兴的甜美日子水草般羁绊住两个人的手脚。那条帆船在岸上做起了与水无关的梦……

拉罕姆走了。约翰走了。转眼就有 11 个孩子追着海伦喊祖母了。海伦重新走向那条闲置已久的帆船。在能够携手的人相继辞世之后，她才顿然明了一灵魂深处的焦躁只有自己的双手才可以去安妥。

2000 年 8 月，一个阳光灿烂的日子，89 岁的海伦只身离开英格兰，开始了她向往已久的大西洋之旅。

她在那一片蔚蓝中看见了自己离别已久的父亲，沿着他当年的航道，追随着他当年的足迹，她跟过来了！在死神衣袂飘忽的海上，她没有给自己丝毫畏惧的权利，毕竟，与那生长了差不多整整一辈子的渴望相比，风浪显得太微不足道了。海伦成功了。她以"最年迈的老人驾舟横渡大西洋"刷新了一项世界纪录。

——理想的花，包孕了太久；惟其如此，绽放时，才惹得我们泪下沾襟。

（佚名）

怎样的一生才不后悔

做自己喜欢做的事，想办法从中赚钱。

汉德·泰莱是纽约曼哈顿区的一位神父，他经常被问一些稀奇古怪的问题，这些问题大多是一些报社不好回答，转到他这儿来的。前不久，

5

他又收到这方面的一封信，问怎样度过自己的一生才不后悔？

从前转来的信大多是宗教方面的，问的都是上帝的事。这一次，突然把天上的问题转到地上，泰莱神父感到很为难。

那天，教区医院里一位病人生命垂危，请他过去主持临终前的忏悔。在他说过"仁慈的主，请宽恕您的孩子"之后，听到了这样一段话："仁慈的上帝！我喜欢唱歌，音乐是我的生命，我的愿望是唱遍美国。作为一名黑人，我实现了这个愿望，我没有什么要忏悔的。现在我只想说，感谢您，您让我愉快地度过了一生，并让我用歌声养活了我的六个孩子。现在我的生命就要结束了，但死而无憾。仁慈的神父，现在我只想请您转告我的孩子，让他做自己喜欢做的事吧，他们的父亲是会为他们骄傲的。"

一个流浪歌手，临终时能说出这样的话，让泰莱神父感到非常吃惊，因为这名黑人歌手的所有家当，就是一把吉他。他的工作是每到一处，把头上的帽子放在地上，开始唱歌。四十年来，他在地铁里唱，在大广场上唱，在任何一个能放下一顶帽子的地方唱。他如痴如醉，用他苍凉的西部歌曲，感染他的听众，从而换取那份他应得的报酬。

泰莱神父听完他的临终忏悔回到住处，心情没有像以往那么沉重，因为这一次他没有听到"请仁慈的主宽恕我吧！儿时的梦想我没能去实现……"

黑人的话让他心里有一种轻松感，这种轻松感，让他想起五年前曾主持过的一次临终忏悔。那是位富翁，住在里士本区，他的忏悔竟然和黑人的差不多。他对神父说，倘若我不是被某种乐趣所吸引，倘若不是我纯粹出于我个人的意愿，而是受别的什么支配，我想我就会一事无成。我喜欢赛车，我从小研究它们、改进它们、经营它们，一辈子都没离开过它们，这种爱好与工作难分、闲暇与兴趣结合的生活，让我非常满意，并且从中还赚了大笔的钱，我没有什么要忏悔的。我只想告诉我的儿子，照着自己的梦想去生活吧，那就是身在天堂。

白天的经历和对富翁的回忆，使泰莱神父当晚就给报社回了一封信，他写道，怎样度过自己的一生才不留下后悔呢？我想也许做到两条就够了。第一条：做自己喜欢做的事。第二条：想办法从中赚钱。

《纽约时报》接到这封信，感到非常新鲜，立即把它登了出去。后来，这两条就成了美国人公认的最不后悔的活法。

（刘燕敏）

何必自寻烦恼

　　人一定要自得其乐，正确地面对烦恼，尽快摆脱烦恼，而万万不可自寻烦恼。

　　人都会有烦恼。不同的人往往会有种种不同的烦恼。在我们的日常生活中，有许多烦恼是无法避免的，因为"天有不测风云，人有旦夕祸福"。有的人会在突然间遭受一种无法预料的变故，比如瞬息间可能发生车祸，于是乎，各种各样的烦恼就会接踵而至。这显然是一种不可预料的烦恼。然而，除此之外，往往还有一种莫名其妙的烦恼，我且将它称之为"自寻性"烦恼。这一类烦恼本完全可避免的，但生活中却常会平白无故地发生。

　　一个人的烦恼多了，又不及时排除心中淤积的烦闷，常常会导致一个人的精神萎靡不振，久而久之，也会导致疾病缠身。所以，即使是"不可预料性"的烦恼降临时，也应该尽快驱除，调节好自己的情绪，努力使自己的精神轻松，以便真正做到豁达地笑对烦恼。

　　我觉得，最不应该的就是"自寻性"烦恼。有些人常常为一些鸡毛蒜皮的事情而烦恼不已，这是一种心胸狭窄的表现。也有些人由于一时不慎的疏忽和行为，为自己带来了无穷无尽的烦恼。我认识一个老板，他懊悔万分地给我讲述了他"自寻烦恼"的经历。生意场上他精明能干，平时对有困难的人也乐善好施，所以颇有口碑。但他闲得无聊时冒出一个"找一个秘密的情妇"的念头。正巧有一个早已对他不怀好意的女人，对他百般献媚争宠。结果，这个女人信誓旦旦地答应跟他秘密交往，可是不久，她便翻脸了，既要操纵他的经济大权，又逼着他离婚。搞得该老板焦头烂额，天天烦恼不已。该老板无可奈何地说："谁叫我自寻烦恼的？真是活该啊！"这真是早知今日又何必当初呢？我想，当一个人顺利而又风光八面时，一定要谨慎处之，决不能忘乎所以，否则肯定会给自己带来不尽的烦恼。

人生应该光明磊落。可是天底下自有一种妒忌心极强的人，这种人往往会莫明其妙地妒火中烧，不仅给自己添生出不少烦恼，也会给别人增添无尽的烦恼。

我曾工作过的单位有一个被列为培养对象的人，上面几次来考核，因为群众的反应很差，所以总是提不到领导岗位。可他不仅不反省自己，反而对其他提上去的同志充满了妒忌心。于是，他千方百计地算计人家，到处投寄匿名信，到处无中生有地造谣中伤人家，结果，给人家造成了极大的烦恼。

烦恼，往往同一个人的气质、修养、经历是密不可分的。人一定要自得其乐，正确地面对烦恼，尽快摆脱烦恼，而万万不可自寻烦恼。这样，才会使我们生活得更潇洒，更美好。

（倪辉祥）

寻找珍爱

帮助我珍爱我的工作——做一个好护士。

在我遇见班奇太太之前，护理工作的真正意义并非我原来想像的那么一回事。"护士"两字虽是我的崇高称号，谁知得来的却是三种吃力不讨好的工作：替病人洗澡，整理床铺，照顾大小便。我带上全套用具进去，护理我的第一个病人—班奇太太。班奇太太是个瘦小的老太太，她有一头白发，全身皮肤像熟透的南瓜。

"你来干什么？"她问。

"我是来替你洗澡的。"我生硬地回答。"那么，请你马上走，我今天不想洗澡。"

使我吃惊的是，她眼里涌出大颗泪珠，沿着面颊滚滚流下。我不理会这些，强行给她洗了个澡。

第二天，班奇太太料我会再来，准备好了对策。"在你做任何事之前，"她说，"请先解释'护士'的定义。"

我满腹疑团地望着她。"唔，很难下定义，"我支吾道，"做的是照顾病人的事。"说到这里，班奇太太迅速地掀起床单，拿出一本字典。"正如我所料，"她得意地说，"连该做些什么也不清楚。"她翻开字典上她做过记号的那一页慢慢地念："看护：护理病人或老人；照顾、滋养、抚育、培养或珍爱。"她啪地一声合上书。"坐下，小姐，我今天来教你什么叫珍爱。"

我听了。那天和后来许多天，她向我讲了她一生的故事，不厌其烦地细说人生给她的教训。最后她告诉我有关她丈夫的事。"他是高大粗骨头的庄稼汉，穿的裤子总是太短，头发总是太长。他来追求我时，把鞋上的泥带进客厅。当然，我原以为自己会配个比较斯文的男人，但结果还是嫁了他。"

"结婚周年，我要了件爱的信物。这种信物是用金币或银币蚀刻上心和花形图案交缠的两人名字简写。用精致银链串起，在特别的日子交赠。"她微笑着摸了摸经常佩戴的银链。"周年纪念日到了，贝恩起来套好马车进城去，我在山坡上等候，目不转睛地向前望，希望看到他回来时远方卷起的尘土。

她的眼睛模糊了。"他始终没回来。第二天有人发现了那辆马车，他们带来了噩耗，还有这个。"她小心翼翼地把它拿出来。由于长期佩戴，它已经很旧了，但一边有细小的心形花形图案环绕，另一面简单地刻着："贝恩与爱玛，永恒的爱。""但这只是个铜币啊。"我说，"你不是说是金的或银的吗？"

她把那件信物收好，点点头，泪盈于睫。"如果当晚他回来，我见到的可能只是铜币。这样一来，我见到的却是爱。"

她目光炯炯地面对着我。"我希望你听清楚了，小姐。你身为护士，目前的毛病就在这里。你只见到铜币，见不到爱。记着，不要上铜币的当，要寻找珍爱。"

我没有再见到班奇太太，她当晚死了。不过她给我留下了最好的遗赠：帮助我珍爱我的工作——做一个好护士。

（佚名）

不要祈求太多

实实在在地对待每一个时日，你才会拥有一份实实在在的成功。

每个人都有失望和不满的时候，不是你希望没有实现，就是他的欲望没有满足。每当这时，我们不是怨天尤人，便是破罐子破摔，却很少会坐下来，仔细地想一想，我们为什么一定要有不满和失望。活着，我们不要祈求太多。

我们来到这世上时，本来就是赤条条的，一无所有，是上苍赋予了我们生命、亲友以及思想和财物等等，上苍待我们何厚？使我们拥有了这么多，又占据了这么多。可是，我们却从来也没有满足过，依然在祈求着上苍为我们降下更多的甘霖。

然而，生活不可能也不会按照我们的需求来十足地供应我们，于是，我们便失望了，我们便不满了。

世界对于每一个活生生的人来说，都是公平无二的。有耕耘才有收获，有奋斗才有成功，有付出才有得到。你想花一分的代价，去换回十分的成果，那是永远也不可能的。

所以，我们永远都不应该祈求这世界平白无故地就给我们太多。生命在于奋斗，人生在于积累。

不要祈求太多，只有一点点就已经足够了。每天一点点，每月一点点，每年一点点，几年下来，我们就已经得到了很多很多，那么，一辈子下来，我们不就已经变成了一个拥有整个世界的大富翁！

不要祈求太多，太多了，生命就会显得过于沉重，我也就会感到你的人生因缺少遗憾而懒于去追求；不要祈求太多，太多了，人生就会显得过于臃肿，你就会感到你所拥有的一切都是负累，因无法带得动而终生不能轻松。

任何奢望都是不应该有的，'天上不会掉馅饼，地上也不会长钞票。实实在在地做事，实实在在地做人，实实在在地对待每一个时日，你才会拥有一份实实在在的成功。

（赵咏鸿）

单身情歌

> 然而不管是谁，自己可以确定的是，自己肯定会比以往任何时候都更加珍情惜缘！

我在爱情小说的浸淫中长大，我编了一个又一个蹩脚的爱情故事，发表了一部分，并且还似乎真打动了一些人。有些人因此而主观地以为我是情场老手，施施然来向我请教……每当这时我就不得不遗憾地告诉他们：我的实战经验少得可怜，也许是我向他们请教更为合适。

他们有的不信，说没有过一些经历怎么能写出来呢？文学艺术也是来源于生活啊。对于这类问题我一贯的回答是：没吃过猪肉难道还没见过猪跑？然后是一阵哄笑。然而在这哄笑之中自己有时也会隐隐约约地有些困惑：像我这样情感相对丰富性格相对奔放的人，实在没有理由在谈情说爱的年龄一直缺乏花前月下的卿卿我我啊。

这似乎有点不合常理。

但人从来都是复杂的动物，而世事也并不总是符合逻辑。

细想起来，喜欢过自己的人有过不少，自己动过心的人也有几个。

念书的时候，为了实现自己在很小的时候就确定下的理想，常常在

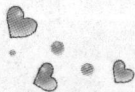

内心不断告诫自己：一定不能陷进感情的旋涡里而因此让自己的既定目标付诸东流。事实也确实如此，我冷静地将一些准情书收到了柜底，虽然内心也曾掀起波澜，但终没为之所动。那些早恋的同学们，有些后来修成了正果，有情人终成眷属了，但也确实因为早恋而没能在学业上取得更多成就，当然也有个别能力强大的，升学早恋两没误，让人羡慕得流口水，毕竟学生时代的感情是最自然纯正少世俗气的。这个时候就会有些后悔自己当初不该学那柳下惠坐怀不乱没投入那浩浩荡荡激情飞扬不管不顾的早恋大军了。

考上了大学，心想这下可以名正言顺谈恋爱，实践爱情小说中的有关情节了吧。因为这条，虽然对自己考上的那所大学很不满意，但还是有点迫不及待地盼着开学。等到终于迈进大学校门后才发现，本人就读的大学三分之二是女生也，剩下的三分之一虽为男性，却也被女生们的光彩照得抬不起头来。尤其我所就读的教育系，男性同胞更是寥寥无几。更让人失望的是，大学向我展示的情爱画卷就是头碰头不顾卫生共用一个饭盒吃饭，作秀式地在大庭广众下旁若无人地亲热……这和我的爱情观没有丝毫共同之处。尤其是在一次学校舞会上，一个人在邀请我连跳几曲后，开始赞美我，然后用诗朗诵的语调对我说，我们到学校广场去吧，让我们在月光下共舞，然后互诉心曲好不好？这个镜头与言情剧的开头很相似，一个激动人心的我祈望已久的爱情故事好像马上就要开场……然而不知为什么，它没有打动我却让我起了一身鸡皮疙瘩，并从此对在大学发展爱情倒了胃口。

没有恋爱的大学生活，我就大量地阅读。大学没有收获爱情，却收获了一肚子的杂七杂八，现在看来，这些看似无用的闲书却比那些正规教科书给我更多滋养。

毕业了，教了两年多书，四面围墙一围，自己过上了比念书时更单调的生活。此时，已到了该谈婚论嫁的年龄。隐隐约约地感到某种危机，自己的生活圈子这么小，而在这个人口并不多的小镇，真正受过高等教育并和自己同龄的读书人屈指可数！不是自己对文凭那张薄纸教条式地看重，而是物以类聚，人以群分，现实是，假如知识结构相差太远，就不会有那种较深刻的认同感，就像林妹妹在宝哥哥眼里是天上掉下来的人儿，但在焦大眼里却是激不起他丝毫爱意的无故寻仇觅恨的娇小姐而已。自己本质上是一个读书人，所以就很自然地想一个读书人也许更适合自己。

本着这样的指导方针，为了扩大自己的选择圈子，自己也在别人的好心撮合下见过几位男士，目的很单纯：找个可以和自己谈恋爱的人。

尴尬，这是自己对介绍对象这种形式惟一的心理感受。我从小是个比较自在的人，在众目睽睽之下也不会手脚没地方放。惟独和一个陌生人坐在一起而其目的又是找对象，这总让我感到万分尴尬。这种情况下，自然是不会发展出什么故事的。有一两个通过这种形式而对自己有兴趣展开攻势的人，但终因这第一面的恶劣感觉无法继续。

后来离开教育界改行当记者，临走的时候，同事们对我说，去吧去吧，当了记者，接触的人多了，追你的人会有一个连的……

事实并不像老师们所想象的那样乐观。从事了记者这个职业，接触的人是多了，但接触的人基本没有未婚者，报纸所采写的多是成功人士，成功者有几个是二十来岁？而自己的人生观又是万事顺其自然，相信缘分，连干公事的同时顺便干点私活那样的念头也没有过，所以当记者的这几年，自己认识的男孩子其实很少，因此也就谈不上从中选择的问题。

对于许多人来说，青苹果这三个字就是经常出现在报纸上的一个名字而已，因为经常看到而觉得亲切熟悉但本质上还是一个遥远的陌生人。也有个别男孩子眼力不凡，透过这无血无肉的名字看出了青苹果的可爱，打电话或写信来说想和我如何如何，可，能如何呢？他们的勇气与对我的欣赏我由衷感激，但毕竟从纸上体会到的青苹果与现实中的青苹果相距甚远。纸上的青苹果理性、现代，并常出惊人之语，可他们能想象到现实中的青苹果是在严格家教环境中长大，言行谨慎非常传统，是标准意义上的乖乖女吗？

当然这期间自己也对两三个男孩先后有过心动之时，也曾试着向他们靠近过，但是，由于种种原因——主观的，客观的，尽管自己努力了，还是没能有真正意义上的突破，或者说真正意义的开始。欣赏、喜欢一个人却得不到，那种痛苦，可能每个人都不同程度地有过吧？但是欣赏或喜欢一个人并不一定就非要得到，"爱不是占有，你喜欢月亮不可以把月亮摘下来放到睑盆里"。这样一想，自己也就很快释然了。生活充满了苦难与无奈，也充满了希望与机遇，我们所能做的就是尽力而为减少遗憾，其余的只能顺应天意。现在，我和他们相互之间保持着敬意，保持着距离，成为了那种清淡而持久的朋友。这样也很好，我没能得到他们的感情，曾让我痛苦过失落过，但过了那一段，我发现那些疼痛对我来说都是我生命的养分，我从那些疼痛中学到了许多，也更看清了自己的真正所需。

　　后来一些在外地读书回来的同学有几个陆续向我走近，他们的学历都比我高，人长得也算得上帅，又有同窗之情，在不知情的人看来，他们应该是上好的选择，而不管自己多么留恋单身生活也确实到了该认真考虑婚姻的时候了。但真正试着向男女之情发展时，才发现他们是适合的朋友人选，却不是合适的结婚对象。多年机械的读书生涯，使他们对人事淡漠，人情世故都不怎么通了，他们的不成熟让人没有基本的安全感，所以尽管他们在许多人看来是优秀的，还是不得不忍痛挥剑斩断这结错了的缕缕情丝——婚姻是脚上的鞋子，而我选鞋子，总是先考虑是否合脚，然后才考虑美观。

　　总之不管是别人喜欢我还是我喜欢别人，都是单方面的，两个人同时有感觉的情况一直没出现，我将之归于运气不好，而别人都说这是缘分未到。不管怎么说，自己这么大了却的的确确没有真正地恋爱过，对此，许多人不理解，认为是我对爱情婚姻的要求太高。事实是因为爱情小说看得过多，又一直没有人给我一个正确的引导，我对爱情的态度的确有镜中花水中月，缺少柴米油盐味儿的倾向；但对婚姻，我一直都有非常实在的态度，善良纯朴、有责任感、不乏学识、身心健康，然后和我双看两不厌。

　　前段儿时间，一个网友发给我一个 flash，里面有这样一段文字：

人的一生会遇到四个人

第一个是自己

第二个是你最爱的人

第三个是最爱你的人

第四个是你将与之共度一生的人

首先会遇到你最爱的人

体会爱的感觉

因为了解被爱的感觉

所以才能发现最爱你的人

当你经历了爱与被爱

学会了爱才会知道什么是你需要的

也才会找到最适合你

能够相处一辈子的人

但很悲哀

在现实中

这三个人通常不是一个人

你最爱的

往往没有选择你

最爱你的

往往不是你最爱的

而最长久的偏偏不是你最爱的和最爱你的

只是在最合适的时间出现的那个人

虽然停留在人生的单身阶段，自由得好像一条游泳的鱼，从头到脚都写满了洒脱和恣意，但是人不能总是这样无限制地自由下去，我想我总要结婚，可那个在最合适时间出现的人又将会是谁？然而不管是谁，自己可以确定的是，自己肯定会比以往任何时候都更加珍情惜缘！

（青苹果）

拥有绿色的心

没有比行动更美好的言语，没有比足音更遥远的路途……

如果说生命只是一次不能重复的花季，那搏动的心便是一朵永不凋零的春花。

早春二月，乍暖还寒时候，鹅黄隐约，新绿悄绽，昭示着生命的勃勃，那是旭日般的青春；阳春三月，杏花春雨时节，桃红柳绿，柔风拂雨，飘扬着自然的伟力，那是如火的中年；晚春四月，芳菲渐尽之际，远山幽径，柳暗花明，辉煌着黄昏的执著，这是晚晴的暮年……

夏、秋、冬只属于肉体，心灵之树是常青的。

"不行春风，难得春雨"，生命之绿需要的是德行的沐浴、坚韧的浇灌、挚爱的孕育！

心的本色该是如此。成，如朗月照花，深潭微澜，不论顺逆，不论成败的超然，是扬鞭策马，登高临远的驿站；败，仍滴水穿石，汇流人海，有穷且益坚，不坠青云的傲岸，有"将相本无种，男儿当自强"的倔强；荣，江山依旧，风采犹然，恰沧海巫山，熟视岁月如流，浮华万千，不屑过眼烟云，辱，胯下韩信，雪底苍松，宛若羽化之仙，知暂退一步，海阔天空，不肯因噎废食……德是高的，心是诚的，爱是纯的，心便会永远是绿色的。

季节的斑斓和诱人，来自自然的造化；芸芸之生的春景，源之于创造。诗人有云：没有比行动更美好的言语，没有比足音更遥远的路途……

一生的春色，需要一生的装点。拥有绿色的心，便会拥有一切。

(赵咏鸿)

揣好梦想上路

　　走过的路，是回忆中的梦想；梦想，是还未走过的路。

　　也许我们每天夜晚最应该做的反省就是：明天要到哪里去？也许我们每天早晨最应该做的决定就是：上路，迈步前行。

　　只是上路时别忘了揣好梦想。

　　梦想，是飘浮在心头的一缕美丽的诱惑。它使平凡的你再也不能容忍往日的庸俗和无聊，蓦然间悟到了日子应有的诗意与挥洒诗意的抉择。

　　揣好梦想上路，路的坎坷便是平仄，坚实的足音便是对这种平仄的吟唱！

　　梦想，是豁亮在眼前的一帧灿烂的惊奇，它使渺小的你再也不肯在卑微中空耗和压抑本来的生机，油然涌起的是天高地阔的境界和魂牵这种境界的渴望。

　　揣好梦想上路，路的尽头便不会缥缈，跌撞的身影也不会无奈。

　　梦想，不会轻轻松松变成收获被捏在你的手中，但执著的赶路人分明能真真切切聆听到它遥远的呼唤，这种呼唤铭刻于骨便是神圣的使命。

　　梦想，也不会红红火火变成荣誉从天而降于你的小屋，但忠实的赶路人分明能实实在在感受到它真挚的回报，这种回报融入热血便是更为刚毅的责任。

　　梦想，是最初牵引你上路的激情，也是鼓励你赶路不止不变的鞭策，更是支撑你倒下也不屈失败不失志向的寄托。

　　走过的路，是回忆中的梦想；梦想，是还未走过的路。

　　揣着梦想上路，踏出一路风光。揣着梦想上路，无路也有希望。

（佚名）

 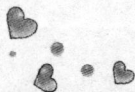

带着成熟寻找

永不停下前进的脚步，向自己的人生理想冲锋。

带着梦想寻找，带着热情寻找，带着成熟寻找……

不能没有梦想，不能没有热情；失去了梦想和热情，生命之树只能生长冷漠和无聊，生活中也就永远失去了阳光。

只有梦想，没有成熟，人生便没有根基。理想很高远，那是飘在天空的彩云，也很快就随风而逝；目标很大，那是竖在远方高山上的一面旗，遥远得不知从何处走起。有梦想，说明还有希望、还有追求、还有志向。但梦想必须经过成熟过滤才能成为人生飞翔的双翼。

只有热情，没有成熟，人生便没有底蕴。热情之火，只能点燃盲目的冲动，只能点燃不符合实际的狂想，只能点燃虚无缥缈的梦想，有时还能点燃愚蠢的念头……不过，有热情，说明还有生活的渴望，还有人生的向往，还有美好的理想。但热情必须经过成熟过滤才能成为人生前进的动力。

经过成熟过滤后的梦想与热情，没有了狂热，没有了狂想，没有了狂为。梦想化为引导行动的理想和目标，为人生的航船指引方向；热情化为人生航船的发动机，驱动着人生向目的地全速进发。成熟不会抛弃梦想，不会抛弃热情。成熟是一株生长缓慢的植物，梦想是水，热情是肥，只有适量的施肥浇水，"成熟"才会长成大树，这棵大树会结出硕果—成功的人生。而没有梦想失去热情的成熟一定是棵"怪树"，只能结出麻木、冷酷和狡猾。

人生永远在寻找，没有人会指给你前方的路（即使有人指给你路，那路也不一定适合你走）。只有带着成熟寻找，带着成熟过滤后的梦想与热情寻找，才会有能力经受挫折跨越障碍，目标坚定地向自己的人生理想；才能有信心战胜困难攀登高峰，永不停下前进的脚步，向自己的人生理想冲锋。

目标坚定，却需要寻找道路，登上人生高峰的路是艰险而无人走过的，只有时刻在前进中寻找，才不会因走错路而荒废生命，才会有能力让生命显现辉煌。

（王书春）

一个祝福的价值

一个祝福的价值是无法用金钱来衡量的，它可能会改变一个人的一生和很多人的命运。

我们不要吝啬祝福，哪怕只是对一个陌生人，或许你我无意间送出的祝福将会带给他一生的温暖和幸福。那年，我在美国的街头流浪。圣诞节那天，我在快餐店对面的树下站了一个下午，抽掉了整整两包香烟。街上人不多，快餐店里也没有往常热闹。我抽完了最后一支烟，看着满地的烟蒂叹了口气。天色渐渐暗了下来，路灯微微睁开了眼睛，暗淡的灯光让我心烦，就像自己黯淡的前程，令人忧伤。我的手插在裤子的口袋里，口袋里的东西令我亢奋。我用嘴角挤出一丝微笑，用左手在胸前画了一个十字，然后目不转睛地盯着快要收工的快餐店。

就在我向街对面的快餐店跨出第一步的时候，从旁边的街区里走出一个小女孩儿，卷卷的头发，红红的脸颊，天真快乐的笑容在脸上荡漾。她手里抱着一个芭比娃娃，蹦蹦跳跳地朝我走来。我有些意外，收住了脚步。小女孩儿仰起头朝我深深一笑，甜甜地说："叔叔，圣诞节快

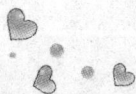

乐!"我猛地一愣,这些年来大家都把我给忘记了,从没有人记得送给我一个圣诞节的祝福。"你好,圣诞节快乐!"我笑着说。"你能给我的孩子一份礼物吗?"小女孩儿指了指手中的娃娃。"好的,可是……可是我什么也没有。"我感到难为情,我的身上除了裤子口袋里那样不能给别人的东西以外,真的一无所有。"你可以给她一个吻啊。"我吻了她的娃娃,也在小女孩儿的脸上留下深深的一吻。小女孩儿显得很快乐,对我说:"谢谢你,叔叔,明天会更好,明天再见!"我看着美丽的小女孩儿唱着歌远去,对着她的背影说:"是的,明天一定会好起来,明天一定会更好!"我离开了那个地方。

五年后的今天,我有了一个温暖的家,妻子温柔善良,孩子活泼健康。我在中国的一所大学里教英语,学校里的老师和学生都很尊重我,因为我能干而且自信。

又到了圣诞节。圣诞树上挂满了"星星",孩子在搭积木,妻子端来了火鸡。用餐前,我闭上了眼睛,默默祈祷。祈祷完了,妻子问我,你在向上帝感谢什么呢?我静静地对她说:"其实五年前我就不再相信上帝,因为他不能给我带来什么。每年圣诞节我也不是感谢他,我在感谢一个改变我一生的小女孩儿。"我对妻子说:"你知道我是进过监狱的。""可那是过去。"妻子看着我,眼神里满是爱意。"是的,那是过去。但是当我从监狱里出来以后,我的生活就全完了。我找不到工作,谁都不愿意和一个犯过罪的人共事。"我充满忧伤地回忆着,"连我以前的朋友也不再信任我,他们躲着我,没有人给我任何安慰和帮助。我开始对生活绝望,我发疯地想要报复这冷漠的社会。那天是圣诞节,我准备好了一把枪藏在裤子口袋里。我在一家快餐店对面寻找下手的时机,我想冲进去抢走店里所有的钱。"妻子睁大了眼睛,"杰,你疯了。""我是疯了,我想了一个下午,最多不过是再被抓进去关在监狱里,在那里,我和其他人一样,大家都很平等。""后来怎么样?"妻子紧张地问。接下来,我对妻子讲了那个故事,"小女孩儿的祝福让我感到温暖。我走出监狱以来,从没有人给过我像她那样温暖的祝福。"我激动了,

"亲爱的，你知道是什么改变了我的命运吗？"妻子盯着我的眼睛。"小女孩儿对我说'明天会更好'，感谢她告诉我生活还在继续，明天还会更好。以后在困难和无助的时候，我都会告诉自己'明天会更好'。我不再自卑，我充满自信。后来，我认识了你的父亲，他建议我回到中国来。接下来的事情你都知道了。就是那个小女孩儿的一个祝福改变了我的一生。"妻子深情地看着我，把手放在胸前，动情地说："让我们感谢她，祝福她幸福吧。"我再一次把手按在了胸前。

一个祝福的价值是无法用金钱来衡量的，它可能会改变一个人的一生和很多人的命运。所以，我们不要吝啬祝福，哪怕只是对一个陌生人，或许你我无意间送出的祝福将会带给他一生的温暖和幸福。

（佚名）

生命的力量

在许多时候，生命的力量简直就是所向披靡。

1999 年 7 月 25 日，美国洛杉矶市。一名持枪抢劫银行的劫犯被赶到的警察包围了。仓皇出逃的一瞬，劫犯本能地从人群中抓过一人充当人质。不料，他用枪指着的这名人质竟是一名孕妇，而且，由于受到惊吓的缘故，孕妇开始了痛苦地呻吟。

在场的人连同劫犯本人几乎同时发现，孕妇的衣裤正一点一点地被鲜血染红。突然，歹徒不再叫嚣，而是用一种温和的目光打量这位头被枪顶着的人质。

四处散开的警察开始紧张起来，他们不知劫犯将干什么。就在警察们想进一步采取措施时，劫犯却出人意料地把枪扔在地上，而后缓缓举

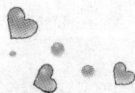

起双手。警察一拥而上。

就在警察押着劫犯准备离开时，孕妇却坚持不住了。这时，只听束手就擒的劫犯说："等等好吗？我是医生，只有我能帮助她。"怕警察不信，他又补充说："她随时都有生命危险，根本无法坚持到医院。"

警察破天荒地松开了手铐。

不多久，一声洪亮的啼哭声响彻大厅，人们情不自禁地欢呼雀跃起来，不少人因此竟感动得热泪盈眶。

劫犯事后告诉警察，是那个即将出世的小生命征服了他。他当时便想，"生命于每个人而言只有一次，我有什么权利掠夺他人最为珍贵的东西呢？"

征服歹徒不是靠警察黑洞洞的枪口，而是凭借着幼小的生命的力量。

其实，查阅人类的辞典，生命的力量不仅仅是能征服歹徒，在许多时候，生命的力量简直就是所向披靡。

我有位朋友，突然间查出患了癌症。当他最终明白生命于他只以小时计算时，他才由衷地感到生命对于他的重要。一种求生的本能终于让他拿出令他自己也吃惊的勇气。他不再自暴自弃，每每唱着歌接受化疗。

奇迹出现了，他不仅在医生宣判"死刑"后还活了整整 20 年，而且，他至今仍好好地活着。

朋友便这么战胜了病魔，与其说这是医学的奇迹，还不如说是生命力量创造的神话。

（刘秀水）

一个人的时候

一个人终归简单的是心，不简单的是语言和表情。

记得小时候，极不喜欢一个人独处。偶尔遇上大人出门迫不得已要把自己留在家里，便总是又哭又闹。其实想想真是没有道理：每每这样的时候，大人总是给自己留下许多好吃的，满足许多好玩的，在你耳朵里软软地塞进许多好听的。我那时就是横竖的不依。或者是因为做小孩子的离开大人总无缘地有些恐慌，又或者小孩子的离开大人总无缘地有些恐慌，又或者小孩子本来就不懂或者不知道享受寂寞。

长大了，就全然不是那么回事了。一个人的时候，就觉得满有了意思。如果一个人享受温馨抑或浪漫当然很有诗意，问题是不是所有一个人的时光都能这样，但是，一个人享受惆怅和凄惶也是很深刻很艺术的呀！

读大学的时候有个同窗，很喜欢一个人踅到一家小酒馆喝闷酒。日子长了同学都说他穷抠。后来，系里一位女同学患白血病，他一下子就掏出百元。我们这才猛地去想一个人喝酒是否比众人吆五喝六要来劲一些？再后来读了他发表的好多诗，就揣想他或许是个小李白，无酒不成诗的。

我有个十五岁的侄子，长得比我高半头，我说你其实心没有长大还好纯真好可爱的。他也就果真在我面前事事处处都表现得透明可爱的样子。让他爸爸评判起来就全然不是那样：他一个人的时候让我怎么放心！我怎么知道他在外面交怎样的朋友？一个人关在房里胡乱捣弄些什么？这样就很容易地让我知道了孩子让他不放心的道理：有些事情你越担心好像越会发生。事实上不是所有的原因都是带来必然的结果。正像一些

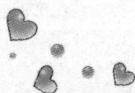

事情原本简单得像一杯水，你神秘地来看它反而成了秘密。如果你继而绞尽脑汁地去探求，别人甚至便会觉得有了珍藏的必要，你说奇怪了?!

人大了，别人看你便有些神秘。你一个人的时候，让人怎么去想你，也应该是丰富的有格调的。比如说一个人的时候深刻地读些书，优雅地弹弹钢琴，托着脸很辩证地思考一下人生，要不把一个家作为一幅画有审美层次的装潢一下。可是，问一问自己，你一个人的时候你又真正地在干一些什么?

我不知道我是不是活得很简单。总之，我一个人的时候我觉得我很简单。也许在别人的视野里活着，我努力做得很好的一些言行恰恰是我心灵拒绝的。一个人的时候便是我心灵回到自然的时刻了。

一个人的时候，我喜欢对着家里那面有些古朴意味的大圆镜去看镜子里很现代的我。看着看着心就有些沉重，因为自己的年轻一天一天逝去。这时候免不了对着镜子扮一个很童稚的鬼脸，让一个遥远了的童年又清晰起来。

一个人的时候，我喜欢很轻松地捧着咖啡没完没了地听那些红歌星唱的流行歌曲，因为和人相聚的时候我总是说最让我陶醉的是古典音乐。

一个人的时候我喜欢在阳台上呆呆地望天。我知道天永远地没有表情，而我的心却总是难得有那么片刻的娴静。

甚至，一个人的时候我喜欢很慵懒的睡觉，入睡前我总是在想：在所有的人摆脱不了忙碌或沉浸于快乐的时分，我一个人却以最宁静的心态安然地睡着，这实在与平常的睡眠不同，或者说在我生命中永远不再来的青春里我居然耽搁得起一段时光的流逝，我实在还很富有啊……

一个人的时候我确实很简单，因为不深刻了，我也就比较地不孤独。谁说不是呢，一个人终归简单的是心，不简单的是语言和表情。我曾问我一个很深刻的朋友是不是这样，他第一次带真诚的深刻说："还真是这样呢!"为此，我的心好长一段时间为我甚至在一个人的时候也活得简单而灿烂不已。

（邓皓）

泪的重量

> 它们还是在走着，走着，然而却是含着泪水，走着，走
> 着……

轻的泪，是人的泪，而动物的泪，却是有重量的泪。

那是一种来自生命深处的泪，是一种比金属还要重的泪。也许人的泪中还合有虚伪，也许人的泪里还有个人恩怨，而动物的泪里却只有真诚，也只有动物的泪，才更是震撼人们灵魂的泪。

第一次看到动物的泪，我几乎是被那一滴泪珠惊呆了。本来，我以为泪水只为人类所专有，而动物因没有情感，它们也就没有泪水。但是直到真的看到了动物的泪，我才相信动物也和人一样，它们也有悲伤，更有痛苦。只是它们因为没有语言，或者是人类还不能破译它们的语言，所以，当人们看到动物的泪水时，才会为之感到惊愕。直到此时，人们才会相信，动物更有种为人类所不理解的无声的哀怨。

我第一次看到动物的泪，是我家一只老猫的泪。这只老猫已经在我家许多许多年了，不知它生下了多少子女，也不知它已经是多大的年纪，只是知道它已经成了我们家庭的一个成员。我们全家人每天生活的一项内容，就是和它在一起戏耍。在它还是一只小猫的时候，我们逗引得它在地上滚来滚去，后来，它渐渐地长大了，我们又把它抱在怀里好长好长时间地抚摸它那软软的绒毛。也是我们和它亲近得太多了，它已经一天也离不开我们的抚爱，无论是谁，只要这一天没有抚摸它一下，就是到了晚上，它也要找到那个人，然后就无声地卧在他的身边，等着他的亲昵，直到那人终于抚摸了它，哪怕只是一下，这时它才会心满意足地慢慢走开，就好像是为此感到充实，也为此感到幸福。

只是多少年过去，这只老猫已经是太老了，一副老态龙钟的样子，行动已经变得缓慢。尽管到这时我们全家还是对它极为友善，但，也不知道是一种什么原因，这只老猫渐渐地就和我们疏远了。它每天只是在屋檐下卧着，无论我们如何在下面逗引它，它也不肯下来，有时它也懒懒地向我们看上一眼，但随后就毫无表情地又闭上了眼睛。

母亲说，这只老猫的寿限就要到了。也是人类的无情，我们一家人最担心的却是怕它死在家中一个不为人所知的角落，我们怕它会给我们带来麻烦。就这样每天每天地观察，我们只是看到这只老猫确实是一天一天地更加无精打采了。但它还是就在屋檐下、窗沿上静静地卧着，似在睡，又似在等着那即将到来的最后日子。也是无意间的发现，我到院里去做什么事情的时候，因为看见这只老猫在窗沿上卧得太久了，我就过去想看看它是睡着了，还是和平时一样地在晒太阳。但在我靠近它的时候，我却突然发现，就在那只老猫的眼角处，凝着一滴泪珠。看来，这滴泪珠已经在它的眼角驻留得太久了，那一滴泪已经被太阳晒得活像是一颗琥珀，一动不动，就凝在眼角边，还在阳光下闪出点点光斑。"猫哭了。"不由己地，我向房里的母亲喊了一声，母亲立即就走了出来，她似在给这只老猫一点最后的安慰。谁料这只老猫一看到母亲向它走了过来，立即挣扎着站了起来，用最后的一点力气，一步一步地向房顶爬了上去。这时，母亲还尽力想把它引下来，也许是想给它点最后的食物，但这只老猫头也不回地，就一步一步地向远处走去了，走得那样缓慢，走得那样沉重。

直到这时，我才发现，是我们对它太冷酷了，它在我们家活了一生，我们还是怕它就在我们家里终结生命，总是盼着它在生命的最后时刻，能够自己走开，无论是走到哪里，也比留在我们家强。最先我们还以为是它不肯走，怕它要向我们索要最后的温暖，但是我们把它估计错了，它只是在等着我们最后的送别；而在它发现我们已经感知到它要离开我们的时候，它只是留下了一滴泪，然后就悄无声息地走了，不知走到什么地方去了。

很久很久，我总是不能忘记那滴眼泪，那是一种最真诚的眼泪。那是一种留恋生命，又感知大限到来的泪水。动物不像人类，人类总是对自己存一种侥幸，他们总是希望那种对于每个人都是不可避免的最终结局，会在自己身上出现奇迹，也是我们人类过于贪恋生命，所以我们总是给爱我们的人留下痛苦。倒是动物对此有它们自己的情感，它们只给人们留下自己的情爱，然后就含着一滴永远的泪珠向人们告别，而把最后的痛苦由自己远远地带走。

动物的泪是圣洁的，它们不向人们素求回报。

我第二次看到动物的泪，是一头老牛的泪。我们家在农村有一户远亲，每年寒假、暑假，母亲都要把我送到这家远亲那里去住，那里有我许多的小兄弟，更有一种温暖的乡情，那里有我在城市里得不到的真诚的欢乐。

而最令人为之高兴的是远亲家里有一头老牛，这头老牛已经在他们家里生活了许多年。而且据我的小兄弟们说，这头老牛还有灵性，它能听懂我们的语言。当然，这只是因为我们对这头老牛过于喜爱的缘故，牛如何能听懂人的语言呢？但是这头老牛也许真是有点灵性，每当我们模仿牛的叫声唤它的时候，这时只要它不是在劳作，它就一定会自己走到我们身边，然后我们就一齐骑到它的背上，也不用任何指挥，它就把我们带到田间去了。这时我们就自己在地里玩耍，它在一旁吃草，谁也不关心谁的事。

小兄弟之间，有时会好得形影不离，有时却会反目争吵，最严重的时候，几个人还可能纠缠在一起打得不可开交。但说来也怪，在我们戏耍的时候那头老牛是睬也不睬我们的，而到了我们之间真动了拳脚，那头老牛就似一个老朋友一样走过来，在我们之间蹭来蹭去，就是不让我们任何一方的拳头落在对方身上，也就是短短的几分钟时间吧，忽然一只什么小生命跑了过来，刚才扭在一起的小兄弟，又你从这边，我从那边地追了过去。追到了，大家全都高兴，刚才的那一点仇恨，早就忘到九霄云外去了，而这时再看那头老牛，它又在一旁吃它的草去了。

当然，也是在这头老牛太老了之后，它终于预感到有一件事就要发生了，这时它也和所有的动物一样，开始和它的主人疏远了。每天每天，

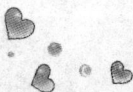

我们总是看到它的眼角挂着眼泪，也是那种无声的泪。而且，这头老牛最大的变化，就是它不再理睬我们这些小兄弟了。有好几次我还像过去那样学牛的叫声，想把它唤过来，它明明是听到了我们唤它的声音，但它只是远远地抬起头来向我们看看，然后理也不理地，就低下头做它自己的事了。

　　传统的民间习惯，总是把失去劳力的老牛卖到"汤锅"里去。所谓的"汤锅"，就是屠宰场，也就是把失去劳力的老牛杀掉卖肉。这实在是太残忍了，但中国农民还不知应该如何安排动物最后的终结。农家是无可责怪的，家家都是这样做的，你又让一个农民如何改变这种做法呢？只是这头老牛已经是对此有所准备了，它似是早就有了一种预感，每次它回到家里之后，它就似是用心地听着什么，而门外一有了什么动静，它就紧张地抬头张望，再也不似它年轻的时候，无论外面发生了什么事，它都理也不理地，只管做着自己的事。然而，这一天终于到来了，那正是我在这家远亲家里住的时候，只是听说"汤锅"的人来了，我们还没有见到人影，可就看见那头老牛哗哗地流下了泪水。老牛的眼泪不像老猫的泪那样只有一滴，老牛的眼泪就像是泉涌一样，没有多少时间，老牛就哭湿了脸颊，这时，它脸上的绒毛已经全部湿成了一缕一缕的毛辫，而且泪水还从脸上流下来，不多时就哭湿了身下的土地。老牛知道它的寿限到了，无怨无恨，它只是叫了一声，也许是向自己的主人告别吧，然后，它就被"汤锅"的人拉走了。只流下了最后的泪水，还在它原来站立的地方，成了一片泪湿的土地。

　　如果说猫的泪和牛的泪，还是告别生命的泪，那么还有一种泪，则就是忍受生命的泪了。这种泪是骆驼的泪，也是我所见到的一种最沉重的泪。

　　那是在大西北生活的日子，一次我们要到远方去进行作业，全农场许多人一起出发要穿越大戈壁，没有汽车，没有道路，把我们送到那里去的只有几十峰骆驼。于是，就在一个阴晦的日子，我们上路了，一队长长的骆驼，几十个被社会遗弃的人，无声无息地就走进了荒漠。没有一株树木，也没有一簇野草，整整走了一天，也没有见到一个人影，就这样默默地走着，我们吃在驼背上，喝在驼背上，摇摇晃晃，我们还就睡在驼背上。走啊，走啊，从早晨走到中午，又从中午走到黄昏，坐在驼背上的人们已经是疲惫不堪了，而骆驼还在一步一步地走着，没有一点躁动，没有一点厌倦，就是那样走着，默默地忍受着命运为它们安排的一切。

脚下是无垠的黄沙，远处是一簇簇擎天直立的荒烟，"大漠孤烟直"，我第一次亲身感受到占人喟叹过的洪荒，我们的人生是如此的不幸，世道又是如此的艰难，坐在骆驼背上，我们的心情比骆驼的脚步还要沉重。也许是走得太累了，我们当中竟有人小声地唱了起来，是唱一支曲调极其简单的歌，没有激情，也没有悲伤，就是为了在这过于寂寞的戈壁滩上发出一点声音。果然，这声音带给了人们一点兴奋，立时，大家都有了一点精神，那一直在骆驼背上睡着的人们睁开了眼睛。但是，谁也不会相信，就是在我们一起开始向四周巡视的时候，我们却一起发现，驮着我们前行的骆驼，也正被我们的歌声唤醒，它们没有四处张望，也没有嘶鸣，它们还是走着走着，却又同时流下了泪水。

骆驼哭了，走了一天的路，没有吃一束草，没有喝一滴水，还在路上走着，也不知要走到何时，也不知要走到何地，只是听到了骑在它背上的人在唱，它们竟一起哭了，没有委屈，没有怨恨，它们还是在走着，走着，然而却是含着泪水，走着，走着……

这是一种发自生命深处的泪，这是一种生命与生命相互珍爱的泪，是一种超出了一切世俗卑下情感的泪，这更是我们这个世界最高尚的泪。直到此时，我才彻悟到泪水何以会在生命与生命之间相互沟通，人的泪和动物的泪，只要是真诚的泪，那就是生命共同的泪。

我看到过动物的泪，那是一种比金属还要沉重的泪，那更是使我们这个世界变得辉煌的泪；那是沉重的泪，更是来自生命深处的泪，那是我终身都不会忘记的泪啊！

（林希）

跟陌生人说话

"先生，跟我们说句话吧。我们需要有人说话，比钱更需要啊！"

父亲总是嘱咐子女们不要跟陌生人说话，尤其是在大街、火车等公共场所，这条嘱咐在他常常重复的诸如还有千万不要把头和手伸出车窗外面等训诫里，一直高居首位。母亲就像安徒生童话《老头子做事总是对的》里面的老太太，对父亲给予子女们的嘱咐总是随声附和。但是母亲在不要跟陌生人说话这一条上却并不能率先履行，而且，恰恰相反，她在某些公共场合，尤其是在火车上，最喜欢跟陌生人说话。

有回我和父母亲同乘火车回四川老家探亲，去的一路上，同一个卧铺间里的一位陌生妇女问了母亲一句什么，母亲就热情地答复起来，结果引出了更多的询问，她也就更热情地絮絮作答，父亲望望她，又望望我，表情很尴尬，没听多久就走到车厢衔接处抽烟去了。我听母亲把有几个子女都怎么个情况，包括我在什么学校上学什么的都说给人家听，急得直用脚尖轻轻踢母亲的鞋帮，母亲却浑然不觉，乐乐呵呵一路跟人家聊下去；她也回问那妇女，那妇女跟她一个脾性，也絮絮作答，两人说到共鸣处，你叹息我摇头，或我抿嘴笑你拍膝盖。探亲回来的路上也如是，母亲跟两个刚从医学院毕业分配到北京去的女青年言谈极欢，虽说医学院的毕业生品质可靠，你也犯不上连我们家窗外有几棵什么树也形容给人家听呀。

母亲的嘴不设防。后来我细想过，也许是，像我们这种家庭，上不去够天，下未堕进坑里，无饥寒之虞，亦无暴发之欲，母亲觉得自家无碍于人，而人亦不至于要特意碍我，所以心态十分松弛，总以善意揣测别人，对哪怕是旅途中的陌生人，也总报以一万分的善意。

有年冬天，我和母亲从北京坐火车往张家口。那时我已经工作，自己觉得成熟多了。坐的是硬座，座位没满，但车厢里充满人身上散发出的秽气。有两个年轻人坐到我们对面，脸相很凶，身上的棉衣破洞里露出些灰色的絮丝。母亲竟去跟对面的那个小伙子攀谈，问他手上的冻疮怎么也不想办法治治？又说每天该拿温水浸它半个钟头，然后上药。那小伙子冷冷地说："没钱买药。"还跟旁边的另一个小伙子对了对眼。我觉得不妙，忙用脚尖碰母亲的鞋帮。母亲却照例不理会我的提醒，而是从自己随身的提包里，摸出里面一盒如意膏，那盒子比火柴盒大，是三角形的，不过每个角都做成圆的，肉色，打开盖子，里面的药膏也是肉色的，发散出一股浓烈的中药气味；她就用手指剜出一些，给那小伙子放在座位当中那张小桌上的手，在有冻疮的地方抹那药膏。那小伙子先是要把手缩回去，但母亲的慈祥与固执，使他乖乖地承受了那药膏，一只手抹完了，又抹了另一只；另外那个青年后来也被母亲劝说得抹了药。母亲一边给他们抹药，一边絮絮地跟他们说话，大意是这如意膏如今药厂不再生产了，这是家里最后一盒了，这药不但能外敷，感冒了，实在找不到药吃，挑一点用开水冲了喝，也能顶事；又笑说自己实在是落后了，只认这样的老药，如今新药品种很多，更科学更可靠，可惜难得熟悉了……末了，她竟把那盒如意膏送给了对面的小伙子，嘱咐他要天天给冻疮抹，说是别小看了冻疮，不及时治好抓破感染了会得上大病症。她还想跟那两个小伙子聊些别的，那两人却不怎么领情，含混地道了谢，似乎是去上厕所，一去不返了。火车到了张家口站，下车时，站台上有些个骚动，只见警察押着几个抢劫犯往站外去。我眼尖，认出里面有原来坐在我们对面的那两个小伙子。又听有人议论说，他们这个团伙原是要在三号车厢动手，什么都计划好了的，不知为什么后来跑到七号车厢去了，结果败露被逮……我和母亲乘坐的恰是三号车厢。母亲问我那边乱哄哄怎么回事？我说咱们管不了那么多，我扶您慢慢出站吧，火车晚点一个钟头，父亲在外头一定等急了。

父母都去世多年了。母亲与陌生人说话的种种情景，时时浮现在心中，浸润出丝丝缕缕的温馨；但我在社会上为人处世，却仍恪守着父亲那不要跟陌生人说话的遗训，即使迫不得已与陌生人有所交谈，也一定尽量惜语如金，礼数必周而戒心必张。

前两天在地铁通道里，听到男女声二重唱的悠扬歌声，唱的是一首我青年时代最爱哼吟的《深深的海洋》：

深深的海洋，你为何不平静？

不平静就像我爱人，那一颗动摇的心……

歌声迅速在我心里结出一张蛛网，把我平时隐藏在心底的忧郁像小虫般捕粘在了上面，瑟瑟抖动。走近歌唱者，发现是一对中年盲人。那男士手里，捧着一只大搪瓷缸，不断有过路的人往里面投钱。我在离他们很近的地方站住，想等他们唱完最后一句再给他们投钱。他们唱完，我向前移了一步，这时那男士仿佛把我看得一清二楚，对我说："先生，跟我们说句话吧。我们需要有人说话，比钱更需要啊！"那女士也应声说："先生，随便跟我们说句什么吧！"

我举钱的手僵在那里再不能动。心里涌出层层温热的波浪，每个浪尖上仿佛都是母亲慈蔼的面容……母亲的血脉跳动在我喉咙里，我意识到，生命中一个超越功利防守的甜蜜瞬间已经来临……

（刘心武）

重复而新鲜地描述爱意

在生和死之间，是孤独的人生旅程。保有一份真爱，就是照耀人生得以温暖的灯。

爱挺娇气挺笨挺糊涂的，有很多怕的东西。

爱怕撒谎。当我们不爱的时候，假装爱，是一件痛苦而倒霉的事情。

假如别人识破，我们就成了虚伪的坏蛋。你骗了别人的钱，可以退赔，你骗了别人的爱，就成了无赦的罪人。假如别人不曾识破，那就更惨。除非你已良心丧尽，否则便要承诺爱的假象，那心灵深处的绞杀，永无宁日。

爱怕沉默。太多的人，以为爱到深处是无言。其实爱需要行动，但爱绝对不仅仅是行动，或者说语言和温情的流露，也是行动不可或缺的部分。我曾经和朋友们作过一个测验，让一个人心中充满一种独特的感觉，然后用表情和手势做出来，让其他不知底细的人猜测他的内心活动。出谜和解谜的人都欣然答应，自以为百无一失。结果，能正确解码的人少得可怜。当你自觉满脸爱意的时候，他人误读的结论千奇百怪。比如认为那是——矜持、发呆、忧郁……

一位妈妈，胸有成竹地低下头，作出一个表情。我和另一位女士愣愣地看着她，相互对视了一下，异口同声地说：你要自杀！她愤怒地瞪着我们说，岂有此理！你们怎那么笨！我此刻心头正充盈温情，愚笨的我俩挺惭愧的，但没等我们道歉的话出口，那妈妈恍然大悟道：原来是这样！怪不得我每次这样看着儿子的时候，他会不安地说：妈妈，我又做错了什么？你又在发什么愁？

爱是那样的需要表达，就像耗竭太快的电器，每日都得充电。重复而新鲜地描述爱意吧，它是一种勇敢和智慧的艺术。

爱怕犹豫。爱是羞怯和机灵的，一不留神它就吃了鱼饵闪去。爱的初起往往是柔弱无骨的碰撞和翩若惊鸿的引力。在爱的极早期，就敏锐地识别自己的真爱，是一种能力更是一种果敢。爱一桩事业，就奋不顾身地投入。爱一个人，就斩钉截铁地追求。爱一个民族，就挫骨扬灰地献身。爱一桩事业，就呕心沥血。爱一种信仰，就至死不悔。

爱怕模棱两可。要么爱这一个，要么爱那一个，遵循一种"全或无"的铁则。爱，就铺天盖地，不遗下一个角落。不爱就抽刀断水，金盆洗手。迟疑延宕是对他人和自己的不负责任。

爱怕沙上建塔。那样的爱，无论多么玲珑剔透，潮起潮落，遗下的只是无珠的蚌壳和断根的水草。

爱怕无源之水。沙漠里的河啊，即使不是海市蜃楼，波光粼粼又能坚持几天？当沙暴袭来的时候，最先干涸的正是泪水积聚的咸水湖。

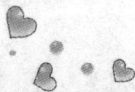

　　爱是一个有机整体，怕分割。好似钢化玻璃，据说坦克轧上也不会碎，可惜它的弱点是宁折不弯，脆不可裁。一旦破碎，就裂成了无数蚕豆大的渣滓，流淌一地，闪着凄楚的冷光，再也无法复原。

　　爱的脚力不健，怕远。距离会漂淡彼此相思的颜色，假如有可能，就靠得近一点，再近一点，直至水乳交融亲密无间。万万不要人为地以分离考验它的强度，那你也许后悔莫及。尽量地创造并肩携手天人合一的时光。

　　爱像仙人掌类的花朵，怕转瞬即逝。爱可以不朝朝暮暮，爱可以不卿卿我我，但爱要铁杵磨成针，恒远久长。

　　爱怕平分秋色，在爱的钢丝上不能学高空王子不宜作危险动作。即使你摇摇晃晃，一时不曾跌落，也是偶然性在救你，任何一阵旋风，都可能使你飘然坠毁。最明智最保险的是赶快从高空中回到平地，在泥土上留下深刻的脚印。

　　爱怕刻意求工。爱可以披头散发，爱可以荆钗布裙，爱可以粗茶淡饭，爱可以餐风宿露。只要一腔真情，爱就有了依傍。

　　爱的时候，眼珠近视散光，只爱看江山如画。耳是聋的，只爱听莺歌燕舞。爱让人片面，爱让人轻信。爱让人智商下降，爱让人一厢情愿。爱最怕的，是腐败。爱需要天天注入激情的活力，但又如深潭，波澜不惊。

　　说了爱的这许多毛病，爱岂不一无是处？

　　爱是世上最坚固的记忆金属，高温下不融化，冰冻时不脆裂。造一艘爱的航天飞机，你就可以驾驶着它，泰遨游九天。

　　爱是比天空和海洋更博大的宇宙，在那个独特的穹窿中，有着亿万颗爱的星斗，闪烁光芒。一粒小行星划下，就是爱的雨丝，缀起满天清光。

　　爱是神奇的化学试剂，能让苦难变得香甜，能让一分钟永驻成永远。能让平凡的容颜貌若天仙，能让喃喃细语压过雷鸣电闪。

　　爱是孕育万物的草原。在这里，能生长出能力、勇气、智慧、才干、友谊、关怀……所有人间的美德和属于大自然的美丽天分，爱都会赠予你。

　　在生和死之间，是孤独的人生旅程。保有一份真爱，就是照耀人生得以温暖的灯。

（毕淑敏）

五十年前的梦想

只要不让儿时美丽的梦想随岁月飘逝，成功总有一天会出现在你面前。

有个叫布罗迪的英国教师，在整理阁楼上的旧物时，发现了一叠练习册，是皮特金幼儿园 B（2）班三十一位孩子的春季作文，题目叫："未来我是……"

他本以为这些东西在德军空袭伦敦时早已被炸飞了，没想到，它们竟安然地躺在自己家里，并且一躺就是五十年。

布罗迪随手翻了几本，很快便被孩子们千奇百怪的自我设计迷住了。比如，有个叫彼得的小家伙说自己是未来的海军大臣，因为有一次他在海里游泳，喝了三升海水都没被淹死。还有一个说，自己将来必定是法国总统，因为他能背出二十五个法国城市的名字。最让人称奇的是一个叫戴维的小盲童，他认为，将来他肯定是英国的内阁大臣，因为在英国还没有一个盲人进入过内阁。总之，三十一个孩子都在作文中描述了自己的未来。

布罗迪读着这些作文，突然有一种冲动，何不把这些本子重新发到孩子们手中，让他们看看现在的自己是否实现了五十年前的梦想？当地一家报纸得知他的这一想法后，为他刊登了一则启事。没几天，书信便向布罗迪飞来。其中有商人、学者及政府官员，更多的是没有身份的人。他们都表示，很想知道自己儿时的梦想，并且很想得到那本作文本，布罗迪按地址一一给他们寄去。

一年后，布罗迪手里仅剩下戴维的作文本没人索要。他想，这个人也许是死了。毕竟五十年了，五十年间是什么事都会发生的。

就在布罗迪准备把这个本子送给一家私人收藏馆时，他收到了内阁教育大臣布伦克特的一封信。他在信中说：那个叫戴维的孩子就是我，感谢您还

为我们保存着儿时的梦想。不过我已不需要那个本子了，因为从那时起，我的梦想就一直在我的脑子里，从未放弃过。五十年过去了，可以说我已经实现了那个梦想。今天，我还想通过这封信告诉其他三十位同学，只要不让儿时美丽的梦想随岁月飘逝，成功总有一天会出现在你面前。

（刘燕敏）

面对不幸的姿态

一个人只有有勇气面对自己，才能有勇气面对人生。"

女友海群去巴尔的摩参加一个年会，和海群同住一个旅馆房间的还有一位吕贝卡，她是个年轻漂亮的女人。每天太阳一升起，她就梳妆整齐，和常人一样开会，做笔记，谈笑风生。但是夜幕一降临，她便谢绝一切晚会、电影和夜宵，退回自己的房间。她打开背包，排出十几只药瓶来，然后像刷牙洗脸一般自如熟练，一瓶接一瓶地吃下去。吞完药，洗漱完毕，八点半准时关灯睡觉。

吕贝卡得的是红斑狼疮，如果不是坚持吃药、早睡，她撑不到第二个阳光灿烂的日子。不过海群和她相识了好几年，常常忘了她身患重疾，因为吕贝卡很少提起她的疾病，平时工作学习起来，和常人没有两样。这次与她同室，海群问道："你平时看起来好精神呀！"已经在黑暗中躺下的吕贝卡平淡地说："一天下来还是有些累。"

吕贝卡大学学的是社会心理学，毕业后工作了几年，又回到康奈尔大学读生物统计硕士。海群说，身患顽症的吕贝卡读书太艰辛了，但毕竟还是一步一步地坚持完成了学业。

记起刚到美国时，我曾在一家小店做售货员。一个坐轮椅的社区大学教师是小店的常客。他不计较我的"破英语"，买东西会和我聊几句，耐心向我介绍美国的情况。他每次来买东西，我都会立即奔过去为他开门，然后尾随其后，随时准备助一臂之力。好几次，他谢了我以后，坚持自己行动。一次我看他想要货架上的罐头，便立即拿了递给他，不料他摆摆手，自己撑着从轮椅上站起来，又去拿了一个。他恳切地对我说："你不用老想着帮我。我自己买东西好多年了，有时只是行动慢些，并不是不能。"经他一说，不好意思的倒是我了。

长久以来，在小说电影电视里看到身残的不幸者，多是凄惨可怜的形象。瘫痪在床的男人，无论以前多么叱咤风云，最后总是在自卑、暴躁和反复无常中，折磨完别人，折磨完自己，受尽千辛万苦，才撒手离去。得了白血病的美女，谈过一场轰轰烈烈的恋爱，多半也是在疾病的庞大阴影下，哭哭泣泣地挨近坟墓。

可在美国生活十年，我却亲眼见识了不少不幸却不凄惨的人物。

一个十分聪慧的女孩子，酷爱体育活动，不幸得了一种奇怪的骨风症，活动久了就会双腿关节红肿。有时疼痛剧烈，她会立即跪倒在地，寸步难行。据说这病发作起来身心俱裂，还可能导致瘫痪。她和吕贝卡一样，每天必须吞食一大把药片，但这个女孩子很少一脸愁容，也不见她声张诉说，偶尔提起不能打排球的遗憾，也只像是不能吃冰糖葫芦似的。

如果说他们的不幸会给人一种震撼，那恰是来自于他们面对不幸的姿态。他们不向人诉苦，不期望人们有所照应和谦让，不强调自己与苦难拼搏的艰难与坚强，而以残疾之躯行自力更生之举为自豪。从他们的不言之中，我看到了一颗颗坚韧之心。一个身体比较孱弱、朋友不多的美国小伙子对我说过这么一段话："这几年我最大的进步是，生病时，可以独自待在黄昏渐暗的屋子里而不黯然神伤……一个人只有有勇气面对自己，才能有勇气面对人生。"在他看来，即使遭遇苦难，亲情、友谊和社会声援，也只能当作一种额外的补偿。真正可以依赖的，惟有自己的坚韧之心。有了这样的信念，你就再也不怕失去什么了。

（涵子）

第二辑　微笑的价值

微笑是盛开在人们脸上的花朵，是一个人能够献给渴望爱的人们的礼物。当你把这种礼物奉献给别人的时候，你就能赢得友谊，还可以赢得财富。

不紧急却重要的事

像陪父母谈昔日温馨的往事,听孩子说童稚的笑语。……

朋友约好清晨一起去爬山,下山后到家里喝茶。

清晨出发前,突然接到他的电话:"因为公司里有紧急的事,无法一起去爬山了。"

我只好像往常一样,单独去爬山。

在山顶处的石头上坐定,看到市区的滚滚红尘,即使是清晨,在街头奔驰的汽车已经像接龙一样拥挤,从山上看起来,就像蝼蚁出洞。

这一群群的人,一排排的汽车,想必都是为了紧急的事在奔波的吧!比较起来,像爬山、喝茶这些事,真的是太不紧急了。

我们为了太多紧急的事,只好牺牲看来不甚紧急的事,例如为了加班,牺牲应有的睡眠;为了业绩,牺牲吃饭时间;为了应酬,不能陪妻子散步;为了谋取职位,不能与朋友喝茶。

确实,紧急的事不能不做,奈何人生里紧急的事无穷无尽,我们的一生大半在紧急的应付中度过,到最后整个生活步调都变得很紧急了。

生命中有很多非常重要、却一点也不紧急的事。像每天放松的静心,从容的冥想。像愉快地吃一顿饭,品尝茶的芳香。像在山林海边散步,欣赏山色与云的变化。像听雨听泉听音乐,读人读爱读闲书。

像陪父母谈昔日温馨的往事,听孩子说童稚的笑语。……

重要的事也是说之不尽,却被紧急的事挤掉空间。生命的空间有限,当全被紧急占满时,就像是一个停满了汽车却没有绿地的城市。

绿地是重要的,汽车是紧急的。大树是重要的,大楼是紧急的。白云是

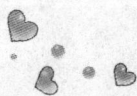

重要的,飞机是紧急的。知足是重要的,欲望是紧急的。

宽心是重要的,医院是紧急的。……

（林清玄）

翡冷翠山居闲话

> 穷困时不穷困,苦恼时有安慰,挫折时有鼓励,软弱时有督责,迷失时有南针。

在这里出门散步去,上山或是下山,在一个晴好的五月的向晚,正像是去赴一个美的宴会,比如去一果子园,那边每株树上都是满挂着诗情最秀逸的果实,假如你单是站着看还不满意时,只要你一伸手就可以采取,可以恣尝鲜味,足够你性灵的迷醉。阳光正好暖和,决不过暖;风息是温驯的,而且往往因为它是从繁花的山林里吹度过来,它带来一股幽远的淡香,连着一息滋润的水气,摩挲着你的颜面,轻绕着你的肩腰,就这单纯的呼吸已是无穷的愉快;空气总是明净的,近谷内不生烟,远山上不起霭,那美秀风景的全部正像画片似的展露在你的眼前,供你闲暇的鉴赏。

作客山中的妙处,尤在你永不须踌躇你的服色与体态;你不妨摇曳着一头的蓬草,不妨纵容你满腮的苔藓;你爱穿什么就穿什么;扮一个牧童,扮一个渔翁,装一个农夫,装一个走江湖的桀卜闪,装一个猎户;你再不必提心整理你的领结,你尽可以不用领结,给你的颈根与胸膛一半日的自由,你可以拿一条艳色的长巾包在你的头上,学一个太平军的头目,或是拜伦那埃及装的姿态;但最要紧的是穿上你最旧的旧鞋,别管他模样不佳,他们是顶可爱的好友,他们承着你的体重却不叫你记起你还有一双脚在你的底下。这样的玩顶好是不要约伴,我竟想严格的取缔,只许你独身；因为有了伴多少总得叫你分心，尤其是年轻的女伴，那是最危险最专制不过的旅伴，你应得躲避她像你躲避青草里一条美丽的花蛇！平常我们从自己家里走到朋友的家里，或是我们执事的地方，那无非是在同一个大牢里从一间狱室移到另一间狱室去，拘束永远跟着我们，自由永远寻不到我们；但在这春夏间美秀的山中或乡间你要是有机会独身闲逛时，那才是你福星高照的时候，那才是你实际领受，亲口尝味自由与自在的时候，那才是你肉体与灵魂行动一致的时候。朋友们，我们多长一岁年纪往往只是加重我们头上的枷，加紧我们脚胫上的链，我们见小孩子在草里在沙堆里在浅水里打滚作乐，或是看见小猫追它自己的尾巴，何尝没有羡慕的时候，但我们的枷，我们的链永远是制定我们行动的上司！所以只有你单身奔赴大自然的怀抱时，像一个裸体的小孩扑入他母亲的怀抱时，你才知道灵魂的愉快是怎样的，单是活着的快乐是怎样的，单就呼吸单就走道单就张眼看耸耳听的幸福是怎样的。因此你得严格的为己，极端的自私，只许你，体魄与性灵，与自然同在一个脉搏里跳动，同在一个音波里起伏，同在一个神奇的宇宙里自得。我们浑朴的天真是像含羞草似的娇柔，一经同伴的抵触，它就卷了起来，但在澄静的日光下，和风中，它的姿态是自然的，它的生活是无阻碍的。

你一个人漫游的时候，你就会在青草里坐地仰卧，甚至有时打滚，因为草的和暖的颜色自然地唤起你童稚的活泼；在静僻的道上你就会不自主的狂舞，看着你自己的身影幻出种种诡异的变相，因为道旁树木的阴影在他们迂徐的婆娑里暗示你舞蹈的快乐；你也会得信口的歌唱，偶尔记起断片的音调，与你自己随口的小曲，因为树林中的莺燕告诉你春光是应得赞美的；更不必说你的胸襟自然会跟着漫长的山径开拓，你的心地会看着澄蓝的天空静定，你的思想和着山壑间的水声，山罅里的泉响，有时一澄到底的清澈，有时激起成章的波动，流，流，流入凉爽的橄榄林中，流入妩媚的阿诺河去……

并且你不但不须约伴，每逢这样的游行，你也不必带书。书是理想的伴侣，但你应得带书，是在火车上，在你住处的客室里，不是在你独身漫步的时候。什么伟大的深沉的鼓舞的清明的优美的思想的根源不是可以在风籁中，云彩里，山势与地形的起伏里，花草的颜色与香气里寻得？自然是最伟大的一部书，葛德说，在他每一页的字句里我们读得最深奥的消息。并且这书上的文字是人人懂得的；阿尔帕斯与五老峰，雪西里与普陀山，莱茵河与扬子江，梨梦湖与西子湖，建兰与琼花，杭州西溪的芦雪与威尼市夕照的红潮，百灵与夜莺，更不提一般黄的黄麦，一般紫的紫藤，一般青的青草同在大地上生长，同在和风中波动——他们应用的符号是永远一致的，他们的意义是永远明显的，只要你自己性灵上不长疮癞，眼不盲，耳不塞，这无形迹的最高等教育便永远是你的名分，这不取费的最珍贵的补剂便永远供你的受用；只要你认识了这一部书，你在这世界上寂寞时便不寂寞，穷困时不穷困，苦恼时有安慰，挫折时有鼓励，软弱时有督责，迷失时有南针。

（徐志摩）

茶和交友

　　赏花须结豪友，观妓须结淡友，登山须结逸友，泛舟须结旷友，对月须结冷友，待雪须结艳友，捉酒须结韵友。

　　我以为从人类文化和快乐的观点论起来，人类历史中的杰出新发明，其能直接有力的有助于我们的享受空闲、友谊、社交和谈天者，莫过于吸烟、饮酒、饮茶的发明。这三件事有几样共同的特质：第一，它们有助于我们的社交；第二，这几件东西不至于一吃就饱，可以在吃饭的中间随时吸饮；第三，都是可以藉嗅觉去享受的东西。它们对于文化的影响极大，所以餐车之外另有吸烟车，饭店之外另有酒店和茶馆，至少在中国和英国，饮茶已经成为社交上一种不可少的制度。

烟酒茶的适当享受，只能在空闲、友谊和乐于招待之中发展出来。因为只有富于交友心，择友极慎，天然喜爱闲适生活的人士，方有圆满享受烟酒茶的机会。如将乐于招待心除去，这三种东西便成为毫无意义。享受这三件东西，也如享受雪月花草一般，须有适当的同伴。中国的生活艺术家最注意此点，例如：看花须和某种人为伴，赏景须有某种女子为伴，听雨最好须在夏日山中寺院内躺在竹榻上。总括起来说，赏玩一样东西时，最紧要的是心境。我们对每一种物事，各有一种不同的心境。不适当的同伴，常会败坏心境。所以生活艺术家的出发点就是：他如更想要享受人生，则第一个必要条件即是和性情相投的人交朋友，须尽力维持这友谊，如妻子要维持其丈夫的爱情一般，或如一个下棋名手宁愿跑一千里的长途去会见一个同志一般。

所以气氛是重要的东西。我们必须先对文士的书室的布置，和它的一般的环境有了相当的认识，方能了解他怎样在享受生活。第一，他们必须有共同享受这种生活的朋友，不同的享受须有不同的朋友。和一个勤学而含愁思的朋友共去骑马，即属引非其类，正如和一个不懂音乐的人去欣赏一次音乐表演一般。因此，某中国作家曾说过：

赏花须结豪友，观妓须结淡友，登山须结逸友，泛舟须结旷友，对月须结冷友，待雪须结艳友，捉酒须结韵友。

他对各种享受已选定了不同的适当游伴之后，还须去找寻适当的环境。所住的房屋，布置不必一定讲究，地点也不限于风景幽美的乡间，不必一定需一片稻田方足供他的散步，也不必一定有曲折的小溪以供他在溪边的树下小憩。他所需的房屋极其简单，只需："有屋数间，有田数亩，用盆为池，以瓮为牖，墙高于肩，室大于斗，布被暖余，藜羹饱后，气吐胸中，充塞宇宙。凡静室，须前栽碧梧，后种翠竹。前檐放步，北用暗窗，春冬闭之，以避风雨，夏秋可开，以通凉爽。然碧梧之趣，春冬落叶，以舒负暄融和之乐，夏秋交荫，以蔽炎烁蒸烈之威。"或如另一位作家所说，一个人可以"筑室数楹，编槿为篱，结茅为亭。以三亩荫竹树栽花果，二亩种蔬菜。四壁清旷，空诸所有。蓄山童灌园薙草，置二三胡床着亭下。挟书剑，伴孤寂，携琴奕，以迟良友。"到处充满着亲热的空气。

吾斋之中，不尚虚礼。凡入此斋，均为知己。随分款留，忘形笑语。不言是非，不侈荣利。闲谈古今，静玩山水。清茶好酒，以适幽趣。臭味之交，如斯而已。

这种同类相引的气氛中，我们方能满足色香声的享受，吸烟饮酒也在这个时候最为相宜。我们的全身便于这时变成一种盛受器械，能充分去享受大自然和文化所供给我们的色声香味。我们好像已变为一把优美的梵哑林，正待由一位大音乐家来拉奏名曲了。

于是我们"月夜焚香，古桐三弄，便觉万虑都忘，妄想尽绝。试看香是何味，烟是何色，穿窗之白是何影，指下之余是何音，恬然乐之，而悠然忘之者，是何趣，不可思量处是何境？"

一个人在这种神清气爽，心气平静，知己满前的境地中，方真能领略到茶的滋味。因为茶须静品，而酒则须热闹。茶之为物，性能引导我们进入一个默想人生的世界。饮茶之时而有儿童在旁哭闹，或粗蠢妇人在旁大声说话，或自命通人者在旁高谈国是，即十分败兴，也正如在雨天或阴天去采茶一般的糟糕。因为采茶必须天气清明的清早，当山上的空气极为清新，露水的芬芳尚留于叶上时，所采的茶叶方称上品。照中国人说起来，露水实在具有芬芳和神秘的功用，和茶的优劣很有关系。照道家的返自然和宇宙之能生存全恃阴阳二气交融的说法，露水实在是天地在夜间和融后的精英。至今尚有人相信露水为清鲜神秘的琼浆，多饮即能致人兽于长生。特昆雪所说的话很对，他说："茶永远是聪慧的人们的饮料"。但中国人则更进一步，而且它为风雅隐士的珍品。

因此，茶是凡间纯洁的象征，在采制烹煮的手续中，都须十分清洁。采摘烘焙，烹煮取饮之时，手上或杯壶中略有油腻不洁，便会使它丧失美味。所以也只有在眼前和心中毫无富丽繁华的景象和念头时，方能真正的享受它。和妓女作乐时，当然用酒而不用茶。但一个妓女如有了品茶的资格，则她便可以跻于诗人文士所欢迎的妙人儿之列了。苏东坡曾以美女喻茶，但后来，另一个持论家，"煮泉小品"的作者田艺恒即补充说，如果定要以茶去比拟女人，则惟有麻姑仙子可做比拟。至于"必若桃脸柳腰，宜亟屏之销金幔中，无俗我泉石。"又说："啜茶忘喧，谓非膏粱纨绮可语。"

据《茶录》所说："其旨归于色香味，其道归于精燥洁。"所以如果要体味这些质素，静默是一个必要的条件；也只有"以一个冷静的头脑去看忙乱的世界"的人，才能够体味出这些质素。自从宋代以来，一般喝茶的鉴赏家认为一杯淡茶才是最好的东西，当一个人专心思想的时候，或是在邻居嘈杂、仆人争吵的时候，或是由面貌丑陋的女仆侍候的时候，当会很容易地忽略了淡茶的美妙气味。同时，喝茶的友伴也不可多，"因为饮茶以客少为贵。客众则喧，喧则雅趣乏矣。独啜曰幽；二客曰胜；三四曰趣；五六曰泛；七八曰施。"

《茶疏》的作者说："若巨器屡巡，满中泻饮，待停少温，或求浓苦，何异农匠作劳，但需涓滴；何论品赏？何知风味乎？"

因为这个理由，因为要顾到烹时的合度和洁净，有茶癖的中国文士都主张烹茶须自己动手。如嫌不便，可用两个小僮为助。烹茶须用小炉，烹煮的地点须远离厨房，而近在饮处。茶僮须受过训练，当主人的面前烹煮。一切手续都须十分洁净，茶杯须每晨洗涤，但不可用布揩擦。僮儿的两手须常洗，指甲中的污腻须剔干净。"三人以上，止一炉，如五六人，便当两鼎，炉用一童汤方调适，若令兼作，恐有参差。"

真正鉴赏家常以亲自烹茶为一种殊乐。中国的烹茶饮茶方法不像日本那么过分严肃和讲规则，而仍属一种富有乐趣而又高尚重要的事情。实在说起来，烹茶之乐和饮茶之乐各居其半，正如吃西瓜子，用牙齿咬开瓜子壳之乐和吃瓜子肉之乐实各居其半。茶炉大都置在窗前，用硬炭生火。主人很郑重地煽着炉火，注视着水壶中的热气。他用一个茶盘，很整齐地装着一个小泥茶壶和四个比咖啡杯小一些的茶杯。再将贮茶叶的锡罐安放在茶盘的旁边，随口和来客谈着天，但并不忘了手中所应做的事。他时时顾看炉火，等到水壶中渐发沸声后，他就立在炉前不再离开，更加用力的煽火，还不时m这类气息的人；第二，茶叶须贮藏于冷燥之处，在潮湿的季节中，备用的

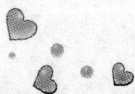

茶叶须贮于小锡罐中，其余则另贮大罐，封固藏好，不取用时不可开启，如若发霉，则须在文火上微烘，一面用扇子轻轻挥煽，以免茶叶变黄或变色；第三，烹茶的艺术一半在于择水，山泉为上，河水次之，井水更次，水槽之水如来自堤堰，因为本属山泉，所以很可用得；第四，客不可多，且须文雅之人，方能鉴赏杯壶之美；第五，茶的正色是清中带微黄，过浓的红茶即不能不另加牛奶、柠檬、薄荷或他物以调和其苦味；第六，好茶必有回味，大概在饮茶半分钟后，当其化学成分和津液发生作用时，即能觉出；第七，茶须现泡现饮，泡在壶中稍稍过候，即会失味；第八，泡茶必须用刚沸之水；第九，一切可以混杂真味的香料，须一概摒除，至多只可略加些桂皮或芢芢花，以合有些爱好者的口味而已；第十，茶味最上者，应如婴孩身上一般的带着"奶花香"。据《茶疏》之说，最宜于饮茶的时候和环境是这样：

饮时：

心手闲适　披咏疲倦　意绪棼乱　听歌拍曲

歌罢曲终　杜门避事　鼓琴看画　夜深共语

明窗净几　佳客小姬　访友初归　风日晴和

轻阴微雨　小桥画舫　茂林修竹　荷亭避暑

小院焚香　酒阑人散　儿辈斋馆　清幽寺观

名泉怪石

宜辍：

作事　观剧　发书柬　大雨雪　长筵大席

翻阅卷帙　人事忙迫　及与上宜饮时相反事

不宜用：

恶水　敝器　铜匙　铜铫　木桶　柴薪　麸炭

粗童　恶婢　不洁巾悦　各色果实香药

不宜近：

阴屋　厨房　市喧　小儿啼　野性能人　童奴相哄　酷热斋含

（林语堂）

雅 舍

我此时此刻卜居"雅舍","雅舍"即似我家。其实似家似寄，我亦分辨不清。

到四川来，觉得此地人建造房屋最是经济。火烧过的砖，常常用来做柱子，孤零零的砌起四根砖柱，上面盖上一个木头架子，看上去瘦骨嶙嶙，单薄得可怜；但是顶上铺了瓦，四面编了竹篦墙，墙上敷了泥灰，远远的看过去，没有人能说不像是座房子。我现在住的"雅舍"正是这样一座典型的房子。不消说，这房子有砖柱，有竹篦墙，一切特点都应有尽有。讲到住房，我的经验不算少，什么"上支下摘"，"前廊后厦"，"一楼一底"，"三上三下"，"亭子间"，"茅草棚"，"琼楼玉宇"和"摩天大厦"各式各样，我都尝试过。我不论住在哪里，只要住得稍久，对那房子便发生感情，非不得已我还舍不得搬。这"雅舍"，我初来时仅求其能蔽风雨，并不敢存奢望，现在住了两个多月，我的好感油然而生。虽然我已渐渐感觉它是并不能蔽风雨，因为有窗而无玻璃，风来则洞若凉亭，有瓦而空隙不少，雨来则渗如滴漏。纵然不能蔽风雨，"雅舍"还是自有它的个性。有个性就可爱。

"雅舍"的位置在半山腰，下距马路约有七八十层的土阶。前面是阡陌螺旋的稻田。再远望过去是几抹葱翠的远山，旁边有高粱地，有竹林，有水池，有粪坑，后面是荒僻的榛莽未除的土山坡。若说地点荒凉，则月明之夕，或风雨之日，亦常有客到，大抵好友不嫌路远，路远乃见情谊，客来则先爬几十级的土阶，进得屋来仍须上坡，因为屋内地板乃依山势而铺，一面高，一面低，坡度甚大，客来无不惊叹，我则久而安之，每日由书房走到饭厅是上坡，饭后鼓腹而出是下坡，亦不觉有大不便处。

48

　　"雅舍"共是六间，我居其二。篦墙不固，门窗不严，故我与邻人彼此均可互通声息。邻人轰饮作乐，咿唔诗章，喁喁细语，以及鼾声，喷嚏声，吮汤声，撕纸声，脱皮鞋声，均随时由门窗户壁的隙处荡漾而来，破我岑寂。入夜则鼠子瞰灯，才一合眼，鼠子便自由行动，或搬核桃在地板上顺坡而下，或吸灯油而推翻烛台，或攀援而上帐顶，或在门框棹脚上磨牙，使得人不得安枕。但是对于鼠子，我很惭愧的承认，我"没有法子"。"没有法子"一语是被外国人常常引用着的，以为这话最足代表中国人的懒惰隐忍的态度。其实我对付鼠子并不懒惰。窗上糊纸，纸一戳就破；门户关紧，而相鼠有牙，一阵咬便是一个洞洞。试问还有什么法子？洋鬼子住到"雅舍"里，不也是"没有法子"？比鼠子更骚扰的是蚊子。"雅舍"的蚊虱之盛，是我前所未见的。"聚蚊成雷"真有其事！每当黄昏时候，满屋里磕头碰脑的全是蚊子，又黑又大，骨骼都像是硬的。在别处蚊子早已肃清的时候，在"雅舍"则格外猖獗，来客偶不留心，则两腿伤处累累隆起如玉蜀黍，但是我仍安之。冬天一到，蚊子自然绝迹，明年夏天——谁知道我还是住在"雅舍"！

　　"雅舍"最宜月夜——地势较高，得月较先。看山头吐月，红盘乍涌，一霎间，清光四射，天空皎洁，四野无声，微闻犬吠，坐客无不悄然！舍前有两株梨树，等到月升中天，清光从树间筛洒而下，地上阴影斑斓，此时尤为幽绝。直到兴阑人散，归房就寝，月光仍然逼进窗来，助我凄凉。细雨蒙蒙之际，"雅舍"亦复有趣。推窗展望，俨然米氏章法，若云若雾，一片弥漫。但若大雨滂沱，我就又惶悚不安了，屋顶湿印到处都有，起初如碗大，俄而扩大如盆，继则滴水乃不绝，终乃屋顶灰泥突然崩裂，如奇葩初绽，素然一声而泥水下注，此刻满室狼藉，抢救无及。此种经验，已数见不鲜。

　　"雅舍"之陈设，只当得简朴二字，但洒扫拂拭，不使有纤尘。我非显要，故名公巨卿之照片不得入我室；我非牙医，故无博士文凭张挂壁间；我不业理发，故丝织西湖十景以及电影明星之照片亦均不能张我四壁。我有一几一椅一榻，酣睡写读，均已有着，我亦不复他求。但是陈设虽简，我却喜欢翻新布置。西人常常讥笑妇人喜欢变更桌椅位置，以为这是妇人天性喜变之一征。诬否且不论，我是喜欢改变的。中国旧式家庭，陈设千篇一律，正厅上是一条案，前面一张八仙桌，一旁一把靠椅，两旁是两把靠椅夹一只茶几。我以为陈设宜求疏落参差之致，最忌排偶。"雅舍"所有，毫无新奇，但一物一事之安排布置俱不从俗。人人我室，即知此是我室。笠翁《闲情偶寄》之所论，正合我意。

"雅舍"非我所有，我仅是房客之一。但思"天地者万物之逆旅"，人生本来如寄，我住"雅舍"一日，"雅舍"即一日为我所有。即使此一日亦不能算是我有，至少此一日"雅舍"所能给予之苦辣酸甜我实躬受亲尝。刘克庄词："客里似家家似寄。"我此时此刻卜居"雅舍"，"雅舍"即似我家。其实似家似寄，我亦分辨不清。

长日无俚，写作自遣，随想随写，不拘篇章，冠以"雅舍小品"四字，以示写作所在，且志因缘。

（梁实秋）

忘记的姿势

　　　　痊愈，或者极其漫长痛楚，而且全无诗意，然而这才是，真正的人生。

　　她以为分手，会在一带攀满常春藤的墙边，月亮是微湿的银钩，她微笑颔首："好，保重。"转身去，长风掀起她深烟灰红的大衣下摆，小蛮靴一步步，踏着苍凉。

　　然而却是拉拉扯扯，某一家餐厅门口。她全是哭腔，却硬撑着："你说清楚，说清楚。"手死死揪着他不放，生怕一松手他会跑掉。他皱着眉，意识到周围好奇的打量，烦极了，最后一次按捺："我还有事，

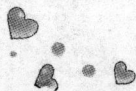

我们以后再联络。"左右闪缩，躲她，像躲一个传染病患者。

她以为痛，会如虫咬噬大红锦缎，隐约黯淡而华美，她渐渐无言，清瘦，穿一条绕踝的缠绵碎花裙，抬头绽颜而笑，低头，一滴不为人知的泪没入卡布其诺。

事实上她没心情逛街，谁约她去泡咖啡馆统统推掉。下班就回家，饭后在电脑前发呆，吃很多很多零食，任自己胖了好大好大一圈。就那几个常去的网站，无聊地刷新又刷新，屏幕晃动模糊，原来是哗啦啦，落了一脸泪。哭着哭着，又去打那个早已停机一周、两周，一个月……的手机号码，明知是："对不起，你拨叫的号码不存在。"倨傲的机器女声，冷硬如斧，劈她的心。

她以为救赎，会是一双温暖的手，沉默而有力，为她拭泪，抱她在胸口，那么紧，到近乎窒息的程度，耳侧是他的低语，再不会了，让任何人伤害你。

不过那时她太胖，白马也驮不起她。冬天，大地披上一层白毯子，春天的太阳，扯下白毯子，她竟穿不进任何一件去年衣，看镜中臃肿的自己，比当初目睹背叛更惊心动魄。赶快报名瘦身班，一摸荷包——虽肥腰身，独瘦此公，是这段日子废耕废织的结果。要找点散工来打，便发现通信录上的朋友、关系都好久不联系了。猛一醒，单位领导已对她摇了好久的头，这才是身家性命的事。减肥，工作，联络朋友，有这许多好电影在上演……纵使记忆五光十色，忙，亦令人目盲。

她以为重逢，会在红尘滚滚的盛世街头，或者深秋湖畔，醉金烂碧的落叶铺满小径，抑或游人如织的泰姬陵里，骤然听见，永远不能忘的，他的声音……霎时间，石破天惊，云垂海立。

其实就是他打电话来，道："是我。"她正忙："哪位？"他默然半晌："我。"她还没听出来，带笑委婉道："对不起……"是更久更久的寂静，他终于报上名来，有事找她帮忙。于她，只是举手之劳，她稍一迟疑便应了。他说不如出来吃个饭，她笑说我减肥呢，他说以前……六个圆点之后，是万语千言，呼之欲出。她最怕人家跟她说这些以前的事，打断他："还有事吗？不如以后再聊。"

　　挂断电话就忘了，像打扮停当上街去，午后的香草街口，随手扔下一袋垃圾，扔出去，手里便空无一物，像从来没拎过任何东西。也根本没留意，曾经有一个扔的姿势。

　　——这是重逢，也是真正的忘记，连忘记本身，都不记得。她想，到这个年纪，她终于懂得爱情不是小说，人生不是电影，而她全不轻愁哀怨，当她爱过，当她彻底忘怀。

　　痊愈，或者极其漫长痛楚，而且全无诗意，然而这才是，真正的人生。

（叶倾城）

乡居闲情

　　人们太忙了，因此忘了他们的周遭，还有这么一个可爱的世界。

　　门前一片草坪，人们日间为了火伞高张，晚上嫌它冷冷清清，除了路过，从来不愿也不屑在那儿留连；惟其如此，这才成了真正是"属于我"的一块地方，它在任何时候，静静地等候着我的光临。

　　站在这草坪上，当晨曦在云端若隐若现之际，可以看见远处银灰色的海面上，泛着渔人的归帆。早风穿过树梢，簌簌地像昨宵枕畔的絮语，几声清脆的鸟叫，荡漾在含着泥土香味的空气之中，只有火车的汽笛，偶然划破这无边的寂静。

　　骄阳如炙的下午，我常喜欢倚在树阴下，凝望着碧蓝如黛的海水，静听近处人家养的小火鸡在"软语呢喃"。实在的，我深信无论谁听了小火鸡的声音，一定不会怪我多事——把燕子的歌喉，让小火鸡掠美。那

有如小儿女向母亲撒娇的情调，是这么微细、婉转，轻轻地开始第一个音，慢慢地拖长着第二个音，短促地结束了第三个音，而且有着高低抑扬，似乎在向它们的妈妈诉说什么。

新雨之后，苍翠如濯的山岗，云气弥漫，仿佛罩着轻纱的少妇，显得那么忧郁、沉默；潮声澎湃犹如万马奔腾，遥望波涛汹涌，好像是无数条白龙起伏追逐于海面群峰之间。

我更爱在天边残留着一抹桃色的晚霞，暮霭已经笼罩大地的时候，等着鸭宝宝的归来，差不多像时钟一般准确——当上学的和办公的都陆续回到家里之后，你可以看见小溪的那一头，远远地有一个白点出现了，这就是我们惟一的"披着白斗篷的队长"，领着它的队伍正向归途行进；渐渐地越游越近，一批穿着背上印满黑斑的浅褐制服的小兵，跟着它们的"队长"，开始登陆，然后一个个吃力地拨动着两片利于水却又不利于陆的脚掌，摇晃着颟顸臃肿的身子，傻头傻脑急急忙忙穿过阡陌，有时一不小心滑落到田里，立刻勇敢地又爬了起来继续往前赶，惟恐会落伍似地；好容易绕道迂回跑上了草坪，看见有人站在门边，一个个就又鬼鬼祟祟偏过头去，商量不定。直到你离开了所站的地方，走得远远地，它们这才认为威胁已经解除，可以安全通过，然后一窝蜂地涌进了大门。

柔和似絮、轻匀如绡的浮云，簇拥着盈盈皓月从海面冉冉上升，清辉把周围映成一轮彩色的光晕，由深而浅，若有还无，不像晚霞那样俗艳，因而更显得素雅；没有夕照那么灿烂，只给你一点淡淡地喜悦，和一点淡淡地哀愁。

海水中央，波多激澹，跟着月亮的越升越高，渐渐地转暗，终至于静悄悄地整个隐入夜空，只仗着几处闪烁的渔火，依稀能够辨别它的存在。

你可曾看见过月亮从乌云里露出半个脸儿的情景？我仿佛在黄昏的花园里看见过一朵掩藏在叶底的娇媚的白玫瑰，然而不及月的皎洁；又仿佛在古书里看见过一个用团扇遮面含羞的少女，可是不及月的潇洒；那么超然地、悠然地、在银河里凌波微步。

海风吹拂着，溪流鸣咽着，飞萤点点，轻烟缥缈，远山近树，都在幽幽的虫声里朦胧睡去，等待着另一个黎明的到来。

天空黑沉沉地压了下来，仿佛画家泼翻了墨汁在宣纸上。骤雨夹着震撼宇宙的雷声以俱来的日子，从令人心悸的闪电里，隔窗可以窥见海水像死去了。一切都在造化的盛怒之下屏住气息。然后我知道，这些都要过去的，代替而至的将是一片美丽而清新的画图。

人们都太忙了，从忙着吃奶、长牙，到忙着学走路、学说话、学念书……以至于忙着魂牵梦萦地恋爱，气急败坏地赚钱，因此忘了他们的周遭，还有这么一个可爱的世界，而我，却从一般人以为枯燥贫乏的乡居生活里，认识了它们。

（钟梅音）

他只有两个苹果

上帝从来没有轻视卑微，尽管上帝能够给他的，只是两个普通的苹果。

贝尔蒙多出生于巴黎一个贫困家庭。他天生迟钝，学无所成。为此，他的母亲一筹莫展，望子成龙的热情也日益消减。

贝尔蒙多十几岁的时候就被迫辍学，面对母亲疲惫的脸，他除了懊恼沮丧，就是把家收拾得一尘不染，做些点心以博得母亲舒心的笑。

在家无所事事，他就摆弄几个苹果，做成可口的甜点心。但这不仅没有博得母亲的称赞，反而使母亲对他的前途更加忧心如焚，继而对他放任不管，认为他是一个可有可无的人。

一个偶然的机会，贝尔蒙多去了巴黎一家非常豪华的大酒店做小伙计。他相貌普通，又无特长，谁都可以对他指手画脚。后来他去了餐饮部当了名打下手的小厨师，帮助一位甜点大厨师洗水果，配调料。当时他会做的惟一一道甜点，就是把两只苹果的果肉放进一只苹果中，那只苹果就显得很丰满，而外表上一点也看不出是两个苹果拼起来的。果核也都巧妙地去掉了，吃起来特别香甜。

一次，这道特别的甜点被一位长期包住酒店的贵妇人发现了。她品尝后，十分欣赏，并特意约见了贝尔蒙多。这个一直不被重视的憨小伙子激动地表示，他将再接再励以不辜负夫人的赏识。

贵妇人虽然长包了一套最昂贵的套房，可是一年中也只有加起来不到一个月的时间在此度过，但是她每次来这里，都会指名点那道贝尔蒙多做的甜点。

那几年，巴黎的经济萧条，酒店里每年都裁去一定比例的员工。然而毫不起眼的贝尔蒙多却年年安然无事一那位贵妇人是酒店最重要的客人，而他，可爱的贝尔蒙多成了酒店里不可或缺的人。

酒店举行豪华庆典的那天，每个大厨师做了一道自己的拿手菜。轮到贝尔蒙多时，他仍然精心地做了那惟一一道甜点。对着家属席中的母亲，他泪盈于睫，喃喃地说："我是一个很普通很普通的人，我曾想给母亲带来一点点不同，可我没有做到。我希望今天，当我在这个平凡的岗位上为自己争得一席之地时，母亲能尝尝我 10 年前就做过的这道甜点心。"

在众人的注目中，那位年迈的母亲眼里含着幸福的泪花，一口一口细细地品尝了这道该酒店远近闻名的招牌佳肴。她终于知道，贝尔蒙多不是一个普通而碌碌无为的人，尽管上帝只给了他两个苹果，他却巧妙地调制成一个独一无二又令人刮目相看的苹果。当年，她忽视了他，幸好，上帝从来没有轻视卑微，尽管上帝能够给他的，只是两个普通的苹果。

（佚名）

生活还是毁灭由你选择

"人生在紧要处就那么几步，左边是生活，右边是毁灭，看你怎样选择。"

约翰尼·卡许是六七十年代风靡欧美流行歌坛的超级巨星。在卡许还是个孩子的时候，心中就怀有一个梦想：做个受世人仰慕的歌手。高中毕业后，他参军离开了家乡，不久被派往德国驻军。在德国的一个军人商店里，卡许买到了自己有生以来的第一把吉他。他利用业余时间刻苦练琴和唱歌，并自学谱曲，开始为实现自己的理想而奋斗。

服役期满后，卡许回到美国，奔走于各唱片公司和电台。可是，没有一家唱片公司肯为他灌制唱片，就连电台音乐节目广播员的职位他也没能得到。他只能靠挨家挨户推销各种生活用品来维持生计。然而，遭遇的挫折和生活的窘迫不仅没有泯灭他心中的梦想，反而越发激励他努力提高自己的演唱技巧。他坚信，自己独特的演唱风格终有一天会被世人接受。

不久，他结识了几个志同道合的人组织了一个小型歌唱组。在城市的街道、教堂前的石台上、乡村小镇的酒吧前，他们为歌迷们做巡回演出，足迹遍布半个美国。终于，一家唱片公司独具慧眼，为他灌制了第一张唱片。这张唱片立刻在欧美歌坛引起轰动，各大电视台也纷纷邀他演出，约翰尼·卡许因此一举成名。无休止的演出，天天被狂热的歌迷所包围，掌声、签名和自己的一切都暴露给世人，这些虽然是每个歌手梦寐以求的荣誉，但也是巨大的压力。几年下来，卡许被拖垮了，晚上需服安眠药才能入睡，白天更要吃些兴奋剂才能维持全天的精神状态。

渐渐地，他恶习缠身，酗酒和服用各种镇静或兴奋性药片成瘾，以至于后来他每天必须吞服 100 多片药才能使自己勉强站在舞台上。由于他服用的都是限量药品，药店有时会限制他购买，为了获取那些药片，他竟然常常失去控制，破门闯入药店进行抢夺。

他的劣行不仅使他很快失去了观众，更使他成了监狱里的常客。

一天早晨，当卡许再一次从佐治亚州的一所监狱刑满出狱时，典狱长——一位他以前的忠实歌迷对他说："约翰尼·卡许，我今天要把你的钱和麻醉药都还给你，因为你比别人更明白你能充分自由地选择自己想干的事。看，这就是你的钱和药片，你现在就把这些药片扔掉吧，否则，你就去麻醉自己。生活还是毁灭，你选择吧！"

卡许回到老家纳什维利，找到他的私人医生，表示自己要戒掉药瘾。医生不太相信他，告诉他："戒药瘾比找上帝还难。"

可是卡许决心选择生活，重新找回自己心中的上帝。他把自己锁在卧室里闭门不出，开始以非凡的毅力戒除毒瘾，为此他忍受了巨大的痛苦。他失眠烦躁，坐卧不宁，时常感到身体里像是有许多玻璃球在膨胀，突然一声爆响，他的五脏六腑就扎满了玻璃碎片，他甚至能清楚地看到身体上有无数小孔在汩汩流血！然而，他的毅力和信念顽强地支撑着他，使他最终摆脱掉麻醉药的诱惑而听从于心中梦想的召唤，一步一步艰难地从毁灭的边缘爬了回来。

9 个星期以后，可怕的玻璃球不再在身体里出现，卡许又逐渐恢复了以前的神采。又经过几个月的努力，他满怀自信地重返歌坛引吭高歌，再一次成为被人仰慕的超级巨星。

后来他说："人生在紧要处就那么几步，左边是生活，右边是毁灭，看你怎样选择。"

（孙盛起）

美丽的互助

我们给予别人的无需太多，一颗信任之心就足够了。

　　有一个中年人，由于儿子的亡故他终日忧郁烦闷，甚至产生了轻生的念头。因为无心工作，失业的他生活愈加贫穷。一天，他正独自在家里睹物思人，忽然有人敲门，打开门一看，原来是镇上年龄最大的老妇人。她手里举着一沓纸，对他说："你在城里认识的人多，我闲着没事时写了一部自传，你给看看能不能出版。"他接过那沓打印纸匆匆看了一遍，看着眼前已经耳聋眼花年近百岁的老妇，他的心被深深触动了。老人已那么大的年龄还在做着自己的事，而自己刚刚中年却万念俱灰，他心里产生了浓浓的愧疚感。他附在老人的耳边大声说："您放心吧！我会想办法的。"

　　老妇人满怀希望地离开了。她的一生都很清贫，年龄大了，只有小儿子在身边，而小儿子的生活也很贫困，她拒不接受别人的施舍，自己做着力所能及的事。后来年岁渐大，她的眼睛几乎看不见，耳朵也几乎听不见，便开始用一台老式打字机写自己一生的经历，想出版后卖些钱补贴小儿子一家。几天后，老妇人得到好消息，城里有人愿意出版她的书稿，让她继续写下去，而且每月给她200美元的费用。老妇人心里高兴极了，她终于可以为儿子做些什么了。

　　镇上的人惊奇地发现，那个中年人已从丧子之痛中解脱出来，每天在城里忙他的事，又恢复了以往正常的生活。这样的日子又过了几年，老妇人与世长辞，留下了一大堆手稿。人们曾经看过她的自传手稿，字迹重叠，不仅看不清晰，有的甚至是一纸厚厚的油墨，因为老妇人根本听不见打字机走到头时的回铃声，她也看不见。她的自传根本不可能出

版，人们忽然明白了那位中年人为何整日劳作而生活却日趋贫困！如今，老妇人的手稿被收藏在当地的一家博物馆中。

这是发生在美国的一个真实的故事。是老妇人的奋斗精神鼓舞了陷入伤心绝望中的中年人，使他重新振作起来，从而帮助老妇人一家度过了最艰难的岁月。人世间有许多美丽的情感是值得我们感动的，有时，我们给予别人的无需太多，一颗信任之心就足够了。拥有了这些至美的情感，就算生活再贫穷，生命也是富有的。

（佚名）

生命中的满分与零分

在赞扬和肯定的环境里成长的儿童都会更健康，更快乐，

我的学生生涯并不长，从小学到初中，短短的八年时间当中，记忆里最深刻的要算一个满分和一个零分，这两个非同寻常的评分，影响了我的一生。

记得从小学开始，我每次的考试成绩都是双百分，直到三年级有了作文课。我继续着我的好成绩，每次的习作都是老师课堂上要讲的范文，还张贴到学校的学习园地栏里。教我们语文的是与我同姓的老师，我要感谢这位老师，是他的那次出乎常理的判分给了我莫大的鼓励。

那是一次期中考试过后，老师在课堂上发试卷和讲评，在讲到作文时，伍老师念了好多个这次写得很好的学生名单，并说其中我的作文写得最好，他给判了满分40分。当伍老师在讲台上说出这段话时，所有的同学都将目光转向我，我简直不敢相信，因为作文获得满分，那是一件不可能的事，我的心激动得怦怦直跳。随后，伍老师像往常那样讲评了

我的那篇作文。那一节课，我记住了老师的每一句话，课后，老师把试卷发给我们，好多同学都抢着过来看我那篇获得了满分的作文，眼尖的同学马上就发现了问题——那上面有好几处红笔修改过的错别字，有错别字怎么能够得满分？没有人理会这样的诘问。而那个满分带来的喜悦早已弥漫了我的全身。这以后我对于伍老师有了更多的信任和感激。我也更加努力地学习，用好成绩来报答老师的"偏爱"。我的语文成绩一直保持着班里的第一名，作文更是越写越好，学校学习园地一小块几乎成了我的专栏。我还参加学校推荐的各种作文竞赛，并且获得过各种奖励。这好纪录我一直保持到了初中毕业。

初中毕业后，我没能考上高中。但对于作文的喜爱，使我在离开学校后的几年里都坚持写日记。而这对于我今天的生活来说，无疑是非常重要的。因为后来我当兵入伍了，在战友当中我虽然读书不多，但文字功底并不差，在部队的各种总结、板报、发言当中我慢慢显露了文字方面的优势，更为有幸的是我被搞宣传的政治处干事看上，在他们的帮助下，我当上了连队的文书，并且在报纸上发表了一些短文。退伍后，我顺利地应聘进了一家五星级的外资连锁酒店，且做上了中层管理员的工作，这以后我又考取了国家导游员资格证，做了一名专职导游。这一切，我知道都缘于那个非同寻常的满分。

而在数学课上发生的事却让我有些懊恼，与语文一样，刚上初中时我的数学成绩也是很好的，其时，教我们数学的是邓老师，他是一个很严厉的人，但因为我数学成绩好，也深得他的喜欢，课余时间，我们还经常在一起打篮球。事情后来的变化是在一次普通的测验上，多少年过去后，我仍然对那天发生的事有些耿耿于怀，我甚至认为我后来考不上高中也多少受了它的影响。我有一个坏毛病，就是写字特别潦草，作业本上老师没少写这方面的评语，尤其是邓老师，在一些不重要的试卷上，他甚至给我扣卷面分。我到现在字也写得不大好，给老师写信时常用电脑打印出来，末尾签个名完事。那次的数学课上，邓老师宣布测验的分数，我像以往任何一次一样，高兴地等着念到我的分数，可到最后一个也没有听到。我正疑惑时，邓老师说话了：我这里还有一份卷子，因为

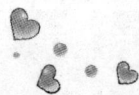

这个学生字写得龙飞凤舞，老师看不懂，只能给个零分。希望这个同学吸取教训，不要因为平时学习好就有骄傲自满的思想。要认真对待学习。我那一刻，脑子一下大了，再也没听进老师后面的话，我在老师叫过我的名字后机械地上台取回我的试卷。那上面，一个红红的大大的"0"十分刺眼，我感觉到教室里所有的目光都落在我的身上，那个可恶的红圈仿佛正吞噬着我的灵魂，没有比这更丢人的了，我简直是无地自容。

这以后的数学课几乎成了我的噩梦，那天的情形一次又一次地在脑中浮现。我不再敢看邓老师的眼光，下课后更是远远地躲开邓老师的视野，而到学期结束的时候，我的数学成绩已落到了班里的下游水平。严重偏科的我也就顺理成章地没有考上高中。

现在回想，我知道邓老师其实还是喜欢我的，他那样做，只是想对我的老毛病来个当头棒喝，以期我能改掉，只是没有想到这一变故却对我造成了那么大的伤害。学生生涯中的两件事，我感受颇深，人是一种需要自尊的动物，在处世的时候，面对人和事，我们的手上总拿着满分和零分两个亮分牌，而我总是习惯亮满分的那个。

在酒店的时候，我的培训课很受同事们的欢迎，我每年都获得酒店优秀培训员的殊荣，同事们觉得我的课上得极活泼，语言幽默精炼，课堂氛围轻松，这都受益于我平时的积累，但我之所以能取得成功的最重要的原因是我总是非常尊重我的学员，无论他们怎样表现，无论他们回答的问题是否与课题相关联，也无论他们的操作怎样不规范，肯定他们的表现，维护他们的自尊是我首先要做的事，我一直这样做。因此，在我的课堂上，学员们都会很踊跃地参加讨论和演示，这在成人教育中是很重要的。

一次，我给客房部的员工上酒店消防课，在我讲过灭火器的使用方法后，我请学员们出来操作，一个叫茜的客房主管自告奋勇站出来打头阵，但或许是熊熊燃烧的大火让她慌了神，她竟然连插销都没拔就使劲地压压把，学员们都看着她，这其中大部分都是她的下属，她急得脸涨得通红。这时我不露声色地叫她停，然后对其他学员说：刚才茜主管按照我的安排有意地演示了我们在实际灭火当中容易出现的错误，有谁发现了，请她出来告诉大家并按照正确的方法操作一次，这时候一个男学员站出来指出了茜所犯的错误并用正确的方法将火扑灭。我表扬了那位学员，并且指出灭火时人不能太靠近火苗以防发生危险，刚才茜那样把脸烤得红扑扑的就是离火场太近了。茜听到这里，感激地看了我一眼。她镇定了片刻后，要求再操作一次，这一次她完成得非常漂亮。那次下来后，茜说好悬，差点就在下属面前丢人了。

做导游时，有一次，我带一帮从北京来的客人，他们是一个交警队的大队长带一帮下属旅游来了。在我居住的那个南方海滨小城的广场，种了椰子、棕榈、蒲葵、假槟榔这四种不好区分的植物。那一次，我们参观到广场，我走在前面，突然发现后面的人不走了，回头一看，那个大队长正和另一个客人争论着什么，我赶紧跑过去，发现他俩原来是在为哪棵是椰子哪棵是棕榈而争论，很明显大队长说错了，其他的客人看见我来，就巴巴地等着我来仲裁，我笑了笑冲着大队长说：恭喜，恭喜，大队长带兵有方，你的手下都是敢于坚持真理的好警察，我也高兴啊，要是你们警察都溜须拍马那么我们老百姓就太失望了。然后我又转向其他的客人说：其实大队长根本就认识，前面我准备给大家介绍时，他说要跟大家玩一个指鹿为马的游戏逗个乐。好了，我现在就为大家讲一下：那棵树干特别光滑的是棕榈，树干斑驳的叶子长得像蒲扇的是蒲葵，农村里用的扇子就是用这个做的，叶子细长的是椰子树，长得特别高的就是假槟榔了。回过神来的大队长带头为我鼓掌，临走的时候大队长特别兴奋地告诉我：小子，你真行。

早就有人研究过：说是在赞扬和肯定的环境里成长的儿童都会更健康、更快乐，其实，无论老幼，对于被尊重，被认可，都是同样渴望的。满分和零分两个亮分牌，前者我握在手里，随时打出不吝啬。而后者，我已经将它束之高阁。

（伍卫权）

微笑的价值

　　而这微笑的光芒也会回照到你的脸上，给你带来方便、快乐和美好的回忆。

　　小梅一家住了十几年的平房，今天终于要搬到高楼里住了。"去看看新家"，尽管那是座旧楼，小梅仍然掩饰不住心中的美意。

　　一脚踏进闷热的电梯间，小梅的高兴劲儿减少了一半：一张破旧的桌子将电梯间一分为二，桌子后的高椅子上坐着位四十多岁的冷面电梯员。看着那张冷脸，小梅另一半的高兴劲儿也消失无踪，顿时感到气温似乎在零下。"几层？"冷冷地。"九层。"小梅想缓和一下气氛，赶紧露出一个微笑，"阿姨，您的工作挺辛苦的，这么热的电梯间。""可不是吗？"电梯员冰冷的脸开始融化，"这么小的地儿，就这么个小电扇，一坐就是六小时……姑娘，九层已经到了。"电梯员竟然也微笑着提醒她。

　　小梅忽然发现自己的心情又好起来了，看来，一个微笑再加上一声问候就像一股暖流，瞬间就可以沟通人与人之间陌生的心灵。

　　后来乘电梯时，小梅和师傅聊得更多，更亲切了。一天，小梅同几个装修工带着木料来到电梯前，一比画，木料放不进去。"小梅，来，把我的桌子和椅子搬出去，你再把木料一斜，就能放进来了。"电梯阿姨看来很有经验，果然一切顺利。木料运送如此之快，邻居禁不住问小梅："你们是怎么把木料运上来的？""电梯呀！""啊？我们同样的木料，电梯员说，'这个太长了，电梯里放不下，你们走楼梯！'九层啊，我们一层层爬楼梯扛上来的！"

　　小梅心里知道这是怎么回事，一张冰冷的脸需要用微笑和温暖的问候来融化。

现在的社会，竞争愈来愈激烈，生活节奏越来越快，人们只顾着忙乎自己的事，已经很少关心别人了。这种情况下，人们的内心深处更需要他人的理解和关怀。此时，给他们一声问候和关心，满足了他们情感上的需求，他们就会用热情来回报你。

有此真经，小梅在单位见人就微笑，打招呼、问候，小梅的人缘也就越来越好，用一句时髦的话说是"人气急升"，而这一切都归功于微笑。

为什么小小的微笑在人际交往中有如此大的威力？原因就在于这微笑背后传达的信息："你很受欢迎，我喜欢你，你使我快乐，我很高兴见到你。"

一位诗人说："我最喜欢的一朵花是开在别人脸上的。"

微笑是盛开在人们脸上的花朵，是一个人能够献给渴望爱的人们的礼物。当你把这种礼物奉献给别人的时候，你就能赢得友谊，还可以赢得财富。

中国有句古话："人不会笑莫开店。"

外国人说得更直接："微笑亲近财富；没有微笑，财富将远离你。"

纽约大百货公司的一位人事经理曾这样说："我宁愿雇用一名有可爱笑容而没有念完中学的女孩，也不愿雇用一个摆着扑克面孔的哲学博士。"

世界著名的希尔顿大酒店的创始人希尔顿先生的成功，也得益于他母亲的"微笑"。母亲曾对他说："孩子，你要成功，必须找到一种方法，符合以下四个条件：第一，要简单；第二，要容易做；第三，要不花本钱；第四，能长期运用。"这究竟是什么方法？母亲笑而未答。希尔顿反复观察、思考，猛然想到了：是微笑，只有微笑才完全符合这四个条件。后来，他果然用微笑闯进了成功之门，将酒店开到了全世界的大城市。

难怪一位商人如此赞叹："微笑不用花钱，却永远价值连城。"

对我们每一个人来说，微笑轻而易举，却能照亮所有看到它的人，

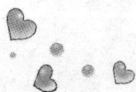

像穿过乌云的太阳，带给人们温暖。让我们微笑吧，微笑着面对生活，面对周围的人：每天早晨上班前对你的家人微笑，他们就会在幸福中盼着你的归来；

上班时向门卫微笑着点个头，他会友善地还你一个欣赏和尊敬的微笑；

每天遇到同事主动微笑，打个招呼，你也会人气急升；

开车并线时，摇下车窗，向侧后面司机点个头，微笑一下，还有人会不让你吗？

餐厅里吃饭时，服务小姐倒完茶后，微笑着对她说声："谢谢你，茶倒得真好。"尽管那是她应该做的工作，可是，她会觉得你的微笑和问候是额外的奖赏。

当每一次奉献出微笑的时候，你就在为人类幸福的总量增加了一分，而这微笑的光芒也会回照到你的脸上，给你带来方便、快乐和美好的回忆，何乐而不为呢？

（佚名）

屋顶上的月光

他笑着说："是屋顶上的月光。"

有一位少年，童年时期就失去了双亲，而惟一相依为命的哥哥也只能靠辛勤地演奏来赚取生活费。家境贫寒，生活很是艰苦，然而这一切阻挡不了他对音乐的热爱和渴望。他准备去距家400公里外的汉堡拜师学艺。当时交通不便，经济又拮据，于是哥哥劝他说："在家里学吧，我来教你。"少年摇摇头，坚定地说："就是走，我也要走到汉堡。"

　　他一路风尘仆仆,饿了啃干粮,渴了喝泉水,累了在农家的草垛旁或是马厩里歇一晚,历尽千辛万苦地走到汉堡。长途跋涉,使他的脚上磨起了无数水泡,人也变得又黑又瘦,但是他的信心却有增无减。

　　困难接踵而来。虽然来到了汉堡,音乐教师的收费却很昂贵,使囊中羞涩的他力难胜支,剩下的钱居然不够一星期的学费。他不愿就此放弃,跑遍了几乎所有的音乐课堂住址,忍受着嘲笑与讥讽,终于得到一位老师的认可,做了他的学生。

　　老师发现了他的天分,建议他去撒勒求学,那里才能给他真正系统的音乐训练。于是他再次踏上旅途,忍饥挨饿地走到撒勒。经过苦苦哀求,一位校长终于允许少年在音乐学校旁听。他欣喜若狂,以加倍的热情投入学习,天赋与勤奋使他很快脱颖而出。

　　少年渐渐不能满足于手头简单的几套练习曲,渴望得到更多的更精深的曲谱来练习。他知道哥哥保存着很多著名的作曲家的曲谱,回乡后向哥哥提出了请求。为生活四处奔波的哥哥对弟弟的音乐功底并不了解,他语重心长地说:"这些曲子我演奏了十几年还觉得吃力。你不要以为出去学了几天就了不起了,还是好好弹你的练习曲吧!何况,那么珍贵的曲谱,你弄坏了怎么办?"哥哥板着脸离开了,他却没有因此死心。

　　哥哥每到晚上都要出去演奏补贴家用,这时他就偷出哥哥珍藏的曲谱,用白纸一个音符一个音符地抄下来。因为家里很穷,点灯都是奢侈的事情,月朗星稀的晚上,他就爬到屋顶上,在明亮温柔的月光下抄写曲谱。曲谱的美妙使他沉醉其中,被困窘折磨的灵魂此时似乎插上了翅膀,在月光中任意翱翔。

　　半年过去了,他抄写了厚厚一大叠曲谱,即将"大功告成"。那天,他边抄写一支优美哀怨的管风琴曲,边琢磨曲子的意境,竟忘了哥哥回来的时间。当哥哥发现弟弟欺瞒自己,偷了曲谱来抄,气怒交加,竟把他珍藏的抄本一页页撕得粉碎。

　　又一个夜晚,哥哥疲倦地归来。临近家门,他听到一支优美而哀婉的旋律,那是弟弟最后抄的那支管风琴曲的变奏。音乐在夜色中飘荡回旋,他不知不觉也被感染了,深为其悲。音乐如泣如诉,有身世坎坷的感叹，有遭遇挫折的伤悲，更有对美好理想的追求，对光明的无限渴望。哥哥站在月光下倾听着，眼泪潸然而下。他终于相信，弟弟足以有天分演奏好任何一支曲子。他走进屋，含着泪水轻轻搂住了弟弟，决定从此全力支持弟弟在音乐上继续深造。

少年终于一偿宿愿，美梦成真——他就是近代奏鸣曲的奠基者巴赫。

有人曾经问他，是什么支持着你走过那么艰苦的岁月？他笑着说："是屋顶上的月光。"

"屋顶上的月光"——他将所有的挫折都包含在一句简单而美丽的句子里。这不仅意味着他灵魂深处对音乐的热爱，而且充满感人至深的力量。

有时候，照亮我们的理想并照亮我们的心灵，真的只需要那微弱的屋顶上的月光，就如同当初它同样照亮了巴赫的理想，使他漠视所有的困苦和劳累，而最终达到自己的音乐天堂一样。

(陈敏)

两棵树的守望

　　她正以前所未有的美丽向他微笑，她身上的每一朵细小的花瓣都盛满了这醉人的清香。

一粒树种被埋在瓦罐下已有些时日了，昏昏沉沉中，她忽然听到一声很轻微的爆裂声，她一下子被同类的这种声音鼓舞了，开始没日没夜地试着冲出黑暗。她的努力没有白费，在这个春天即将结束的时候，她终于咬破了瓦罐的一丝缝隙，顶出了一片嫩黄的叶子。

好不容易探出头来的她还没来得及站稳脚跟，就开始迫不及待地寻找先她破土而出的那粒种子。她发现他就在离她不远的院子里，已有半米多高了，自己却被压在一堵高墙下。

为了往上长，她拼命地吮吸着阳光和雨露，不管雷雨大作还是狂风肆虐，她都挺直腰杆努力向上。尽管瓦罐刺破了她的脚掌，墙壁磨伤了她的肌肤，她都心无旁骛，甚至拒绝了一棵向日葵的献媚，一株剑兰的示爱。冬天到来的时候，她终于长到半米高了，他却早已越过墙头，任她怎么努力也够不着他一根细细的枝条。

这个冬天似乎特别漫长，她常常在寒风中抖动着细细的枝条向他招手，他却根本没有发现她对他的仰慕。既然牵不到他的手，那就缠绕住他的根须吧。于是，她竭尽全力将根须向他的方向爬去，全然不顾瓦片的锋利和墙壁的挤压。当春天到来的时候，她细小的根须终于接触到了他的根须。

一股轻轻怯怯的缠绕终于使他注意到了她的存在，他这才发现她和她满身的伤痕。他把自己有力的根须小心地从那些伤口绕过去，再将她密密地包裹起来。

春去春又来，他的枝叶已覆盖了半个院子，他已能傲视整个院子里所有的花草树木了。望着他伟岸挺拔的身躯，再看看自己尚嫌弱小的身体，她似乎永远也无法达到和他并肩的高度，她有些灰心也有些胆怯了。他仿佛看穿了她的心事，根须更加有力地攀紧她。她被他有力的筋骨提携着，一点一点地变高变粗。现在，她也能越过高高的墙头，和他一起倾听微风的呢喃，细数天上的白云了。

那是一个狂风大作的深夜，风狞笑着一次次向她发起进攻，每一次摇动都会使她的肌肤和石墙发生摩擦并留下道道伤痕，根部更是撕裂般的疼痛。为了减轻她的痛苦，他的身子尽量向她倾斜，像老鹰保护自己的雏儿一样把所有的枝条伸展开，全力为她抵挡向她席卷而来的风暴，他的条条根须像一根根细小的绷带，将她密密麻麻地缠绕起来。数不清的根须你缠我，我绕你，已分不清谁是谁。在暴风雨面前，他们已融为一体。

斗转星移，一个月华如水的秋夜，纷纷扬扬的米粒般的花苞轻轻悄悄地洒满了她的树冠。整座院子飘满了幽雅的清香，他一下子被这少有的奇香唤醒了，他想要叫醒她，和她一起分享这份美好。但是，他呆住了：她正以前所未有的美丽向他微笑，她身上的每一朵细小的花瓣都盛满了这醉人的清香。

他默默地注视着她，为她的美丽、她的绽放而感动。只有他知道，为了这一天，她付出了多大的痛苦和代价，那些斑斑驳驳的伤痕就是最好的证明。

天大亮的时候，一些人推倒了院墙，比比划划地来到他们跟前"这棵桂树的花可真香啊，就留下吧，把白杨刨了。"

随着锄头的深入，他们缠绵交错的根须展露在人们面前，怎么分都分不开。"真是奇怪，两棵树的根怎么也分不开。"人们不知道，为了能彼此拥有，他们付出了多少努力。

在白杨倒下的一刹那，所有的桂花纷纷坠地，洋洋洒洒仿佛下了一场桂花雨。过了没几天，人们发现桂树死了，倾斜着倒在白杨残余的树干上。

（慧子）

青春花季

细心地采撷每一种花的标本，留住那永恒的生命的芬芳……

世上有些花常开常落，有些花却只有一次花季，不经意就会开放，不经意又会错过。

如果，如果你在花开的时候，忘了拍一些美丽的照片，等到错过了花期，再去追忆那淡淡的、诱人的花香，就难免在花香轻袭之时，抚之怅然。

18岁，多么美丽的花季呀！哪个黑眸中没有青花似霰，哪个嫩白的额头没有梦幻如阳呢？

每一次战栗都没齿难忘，每一个声音都刻骨铭心！然而，18岁的时候，我们却不明白青春。

我们把青春当作一种资本，用挥霍生命来昭示她的存在；用夸夸其谈来显示她的魅力；用我行我素来证明她的洒脱……

当飞花渐瘦，昨日之阳与今日不再同样年轻之时，才一梦初醒：青春无需昭示，不用证明，青春挥霍不起，青春更不为你所独有。

原来，每个人都年轻过，每个人都拥有过青春的梦！18岁如花的芳龄，只是自然的造化，不是你的资本；断章片语的浮华炫耀，只是你的幼稚，不是青春的魅力；野马脱缰般地放浪形骸，只是你的偏执，不是青春的洒脱……

青春是一首歌，让你用如火的精力唱出她的生命；

青春是一个梦，让你抚去任何虚妄的痕迹，用坚实的足音将她羽化为现实的辉煌；

青春是一只飞鸿，让你抖落世俗的纤尘，陶然于生命的恢宏与超然；

青春是仅属于你一次的花季，让你在幸福的时候，要倍加珍惜；苦难的时候，要倍加坚韧，细心地采撷每一种花的标本，留住那永恒的生命的芬芳……

(华红辉)

愿生命恬淡如湖水

水穷之处待云起，危崖旁侧觅坦途。

睿智的庄子给我们留下一个发人深省的故事：一个博弈者用瓦盆做赌注，他的技艺可以发挥得淋漓尽致；而他拿黄金做赌注，则大失水准。庄子对此的定义是"外重者内拙"。

由于做事过度用力和意念过于集中，反而将平素可以轻松完成的事情搞糟了。现代医学称之为"目的颤抖"。

太想纫好针的手在颤抖，太想踢进球的脚在颤抖。华伦达原本有着一双在钢索上如履平地的脚，但是，过分求胜之心硬是使这双脚失去了平衡，那著名的"华伦达心态"以华伦达的失足殒命而被赋予了一种沉重的内涵。

人生岂能无目的？然而，目的本是引领着你前行的，如果将目的做成沙袋捆缚在身上，每前进一步，巨大的压力与莫名的恐惧就赶来羁绊你的手脚，那么，你将如何去约见那个成功的自我？

"目的颤抖"是因为心在颤抖。心台太低，远处的胜景便不幸为荒草杂树所遮蔽，平庸的眼，注定无福饱览那绝世的秀色；太在乎了，太看重了，结果，恐惧蛀蚀了勇敢，失败吞噬了成功。

"大体则有，具体则无"，把目光放得远一些，让生命恬淡成一泓波澜不惊的湖水，告诉自己：水穷之处待云起，危崖旁侧觅坦途。

（张丽钧）

泉水的歌唱

清凉的泉水浇到她身上的那一刻，她哭了。

在那个火热的夏天，一个更加火热的消息很快在村子里传开了：几天后，兰花花就要到城里上大学了！

兰花花在心里想，离开村子以前，肯定会有一个仪式的，肯定会有的。但她想不出仪式的具体内容，会不会像新娘出嫁那样呢？如果真是那样就好了，真是那样的话，她就可以……想到这里，兰花花的脸蛋儿红了，红得很厉害。

村名叫一滴泉。一滴泉村有一个习俗，谁家有了喜事，都要用泉水搞一个仪式。这个仪式的年龄比兰花花大很多。男娃子娶亲，新郎要用泉水洗脸洗头；女娃子出嫁，不光用泉水洗脸洗头，还要用泉水擦擦身子；谁家来了高贵的客人，要用泉水打一碗荷包蛋给客人吃。一滴泉村的泉水不是谁想用就能用的，必须经过村委会批准才行。泉眼旁边有人白天晚上守护着，你去偷一滴试试，全村人会用唾沫星子喷死你个狗日的！

一滴泉村是一个极度缺水的地方，这里的人一辈子才能洗上两次澡，生下来的时候洗一次，死去的时候再洗一次。这里的人饮用的是雨水，家家户户的院子里都挖一个蓄水窖，下雨的时候，男女老少都喊着叫着冲进雨中，手忙脚乱地把雨水引到水窖里去。这里的人最盼望的一件事就是下雨，可狗日的老天爷偏偏不爱下雨！

跟周围的十里八村相比，一滴泉村还算是幸运的。村西头的山脚下，有一处长年不断的泉眼，一线亮晶晶的细水从石缝里渗出，亮晶晶地滴下来。让人遗憾的是，泉水滴得极慢，一滴，一滴，一滴，急死人。村里的小娃娃们常常聚到泉眼旁边看光景，一边看一边念叨着："一滴，一滴，一滴……"

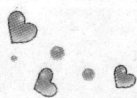

一滴泉的名字就是这样被念叨出来的。

一滴泉村的人喜欢扯开干燥的嗓门儿唱民歌，哀怨低回的拖腔，高亢嘹亮的呐喊，都在水边打转转。

鸡蛋壳壳点灯半炕炕明，烧酒盅盅喝水不嫌哥哥穷……

墙头上跑马还嫌低，面对面睡觉还想你。把住妹子亲了个嘴，火辣辣的口中流清水……

百灵子过河沉不了底，三年两年忘不了你。有朝一日见了面，浑身上下都洗遍……

信天游的旋律就这样长年累月在一滴泉村的各个角落里响起，让人听了心里酸溜溜的。

兰花花也爱唱歌，她唱的是流行歌曲："我家住在黄土高坡，大风从坡上刮过……"

再过几天，再过几天兰花花就要离开故乡，到远方，到不缺水的地方，去学习，去生活了。兰花花的心情很激动。

一滴泉村人的心情同样也很激动。兰花花是村子里走出去的第一个大学生，他们不能让她悄悄地走出去，他们要为她搞一个欢送仪式，村子里有史以来最隆重的一个欢送仪式。

村主任召集一些人开会，商量了大半天，最后决定让兰花花洗一次澡，用一滴泉的水让她痛痛快快地洗一次澡。

村主任在全村人面前说："就是这个！咱一滴泉的女娃娃，不能让城里人笑话！"

兰花花不敢相信这是真的，她激动得浑身发抖，她激动得满脸都是泪花花。

仪式在村子里的一棵老槐树下举行。村主任派人在老槐树下围了一道篱笆墙，篱笆墙上搭一条雪白的毛巾。篱笆墙里放着一桶清清的泉水和一块香皂。

仪式开始了。村主任领着兰花花站在树下，全村的人都围在四周看着他们。

村主任说："跑。"

兰花花和村主任一起跑了起来。他们跑出很远很远，又从很远很远的地方跑了回来。

跑到老槐树下的时候，兰花花已是满身大汗，村主任也是满身大汗。

村主任对围观的人群说："汉子们都把身子转过去！"

全村的男人都背过了身子。

村主任把毛巾递给妇女主任，对她说："你给咱娃儿搓。"

妇女主任扭头看着兰花花，兰花花站在那里一动不动。妇女主任笑了，妇女主任笑着对村主任说："你也是条汉子，你咋不转过身去？"

全村人都嘻嘻地笑了起来，村主任不好意思地挠了挠自己的耳朵，红着脸膛走到一边去了。

只有兰花花没笑。她默默地走进篱笆墙，默默地褪掉身上的衣裳。

用毛巾在汗津津的身体上细细地搓一遍，然后用香皂，用清清的泉水，柔柔地洗。当兰花花穿好衣裳走出篱笆墙的时候，全村人都惊呆了，他们从来没见过这么漂亮的女娃子。

先是村主任放开了喉咙唱，紧接着全村人都放开了喉咙唱："……一十三省个女儿家哟，数咱兰花花好……"

兰花花始终没说一句话。清凉的泉水浇到她身上的那一刻，她哭了。她一直在哭，不出声地哭。仪式结束的时候，村子里几乎所有的女人也都哭了。

（侯德）

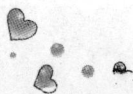

第三辑　想起来那么美好

怀念过去的时光，而如今回不到从前，时间是你心里想要的良药，却不能治好那个伤口，不管多久都会还有影子，只是……我怀念过去，可时间不引许，思怀念旧，深思不虑，就这样下去吧，过好每一天，珍惜身边的人。

生活之艺术

把生活当作一种艺术，微妙地美地生活。

一口一口地吸，这的确是中国仅存的饮酒的艺术：干杯者不能知酒味，泥醉者不能知微醺之味。中国人对于饮食还知道一点享用之术，但是一般的生活之艺术却早已失传了。中国生活的方式现在只有两个极端，非禁欲即是纵欲，非连酒字都不准说即是浸身在酒槽里，二者互相反动，各益增长，而其结果则是同样的污糟。动物的生活本有自然的调节，中国在千年以前文化发达，一时颇有臻于灵肉一致之象，后来为禁欲思想所战胜，变成现在这样的生活，无自由，无节制，一切在礼教的面具底下实行迫压与放恣，实在所谓礼者早已消灭无存了。

生活不是很容易的事。动物那样的，自然地简易地生活，是其一法；把生活当作一种艺术，微妙地美地生活，又是一法；二者之外别无道路，有之则是禽兽之下的乱调的生活了。生活之艺术只在禁欲与纵欲的调和。霭理斯对于这个问题很有精到的意见。他排斥宗教的禁欲主义，但以为禁欲亦是人性的一面；欢乐与节制二者并存，且不相反而实相成。人有禁欲的倾向，即所以防欢乐的过量，并即以增欢乐的程度。他在《圣芳济与其他》一篇论文中曾说道："有人以此二者（即禁欲与耽溺）之一为其生活之唯一目的者，其人将在尚未生活之前早已死了。有人先将其一（耽溺）推至极端，再转而之他，其人才真能了解人生是什么，日后将被纪念为模范的高僧。但是始终尊重这二重理想者，那才是知生活法的明智的大师。……一切生活是一个建设与破坏，一个取进与付出，一个永远的构成作用与分解作用的循环。要正当地生活，我们须得模仿大自然的豪华与严肃。"他又说过："生活之艺术，其方法只在于微妙地混

和取与舍二者而已。"更是简明的说出这个意思来了。

　　生活之艺术这个名词，用中国固有的字来说便是所谓礼。斯谛耳博士在《仪礼》序上说："礼节并不单是一套仪式，空虚无用，如后世所沿袭者。这是用以养成自制与整饬的动作之习惯，唯有能领解万物感受一切之心的人才有这样安详的容止。"从前听说辜鸿铭先生批评英文《礼记》译名的不妥当，以为"礼"不是 Rite 而是 Art，当时觉得有点乖僻，其实却是对的，不过这是指本来的礼，后来的礼仪礼教都是堕落了的东西，不足当这个称呼了。中国的礼早已丧失，只有如上文所说，还略存于茶酒之间而已。去年有西人反对上海禁娼，以为妓院是中国文化所在的地方，这句话的确难免有点荒谬，但仔细想来也不无若干理由。我们不必拉扯唐代的官妓，希腊的"女友"（Hetaira）的韵事来作辩护，只想起某外人的警句，"中国挟妓如西洋的求婚，中国娶妻如西洋的宿娼"，或者不能不感到《爱之术》（ArsAmaroria）的真是只存在草野之间了。我们并不赞同某西人那样要保存妓院，只觉得在有些怪论里边，也常有真实存在罢了。

　　中国现在所切要的是一种新的自由与新的节制，去建造中国的新文明，也就是复兴千年前的旧文明，也就是与西方文化的基础之希腊文明相合一了。这些话或者说的太大太高了，但据我想舍此中国别无得救之道，宋以来的道学家的禁欲主义总是无用的了，因为这只足以助成纵欲而不能收调节之功。其实这生活的艺术在有礼节重中庸的中国本来不是什么新奇的事物，如《中庸》的起头说："天命之谓性，率性之谓道，修道之谓教。"照我的解说即是很明白的这种主张。不过后代的人都只拿去讲章旨节旨，没有人实行罢了。我不是说半部《中庸》可以济世，但以表示中国可以了解这个思想。日本虽然也很受到宋学的影响，生活上却可以说是承受平安朝的系统，还有许多唐代的流风余韵，因此了解生活之艺术也更是容易。在许多风俗上日本的确保存这艺术的色彩，为我们中国人所不及，但由道学家看来，或者这正是他们的缺点也未可知罢。

（周作人）

荷塘月色

采莲南塘秋，莲花过人头；低头弄莲子，莲子清如水。

　　这几天心里颇不宁静。今晚在院子里坐着乘凉，忽然想起日日走过的荷塘，在这满月的光里，总该另有一番样子吧。月亮渐渐地升高了，墙外马路上孩子们的欢笑，已经听不见了；妻在屋里拍着闰儿，迷迷糊糊地哼着眠歌。我悄悄地披了大衫，带上门出去。

　　沿着荷塘，是一条曲折的小煤屑路。这是一条幽僻的路；白天也少人走，夜晚更加寂寞。荷塘四面，长着许多树，蓊蓊郁郁的。路的一旁，是些杨柳，和一些不知道名字的树。没有月光的晚上，这路上阴森森的，有些怕人。今晚却很好，虽然月光也还是淡淡的。

　　路上只我一个人，背着手踱着。这一片天地好像是我的；我也像超出了平常的自己，到了另一世界里。我爱热闹，也爱冷静；爱群居，也爱独处。像今晚上，一个人在这苍茫的月下，什么都可以想，什么都可以不想，便觉是个自由的人。白天里一定要做的事，一定要说的话，现在都可不理。这是独处的妙处，我且受用这无边的荷香月色好了。

　　曲曲折折的荷塘上面，弥望的是田田的叶子。叶子出水很高，像亭亭的舞女的裙。层层的叶子中间，零星地点缀着些白花，有袅娜地开着的，有羞涩地打着朵儿的；正如一粒粒的明珠，又如碧天里的星星，又如刚出浴的美人。微风过处，送来缕缕清香，仿佛远处高楼上渺茫的歌声似的。这时候叶子与花也有一丝的颤动，像闪电般，霎时传过荷塘的那边去了。叶子本是肩并肩密密地挨着，这便宛然有了一道凝碧的波痕。叶子底下是脉脉的流水，遮住了，不能见一些颜色；而叶子却更见风致了。

　　月光如流水一般，静静地泻在这一片叶子和花上。薄薄的青雾浮起在荷塘里。叶子和花仿佛在牛乳中洗过一样；又像笼着轻纱的梦。虽然是满月，天上却有一层淡淡的云，所以不能朗照；但我以为这恰是到了好处——酣眠固不可少，小睡也别有风味的。月光是隔了树照过来的，高处丛生的灌木，落下参差的斑驳的黑影，峭楞楞如鬼一般；弯弯的杨柳的稀疏的倩影，却又像是画在荷叶上。塘中的月色并不均匀；但光与影有着和谐的旋律，如梵婀玲上奏着的名曲。

　　荷塘的四面，远远近近，高高低低都是树，而杨柳最多。这些树将一片荷塘重重围住；只在小路一旁，漏着几段空隙，像是特为月光留下的。树色一例是阴阴的，乍看像一团烟雾；但杨柳的丰姿，便在烟雾里也辨得出。树梢上隐隐约约的是一带远山，只有些大意罢了。树缝里也漏着一两点路灯光，没精打彩的，是渴睡人的眼。这时候最热闹的，要数树上的蝉声与水里的蛙声；但热闹是它们的，我什么也没有。

　　忽然想起采莲的事情来了。采莲是江南的旧俗，似乎很早就有，而六朝时为盛；从诗歌里可以约略知道。采莲的是少年的女子，她们是荡着小船，唱着艳歌去的。采莲人不用说很多，还有看采莲的人。那是一个热闹的季节，也是一个风流的季节。梁元帝《采莲赋》里说得好：

　　于是妖童媛女，荡舟心许；鷁首徐回，兼传羽杯；櫂将移而藻挂，船欲动而萍开。尔其纤腰束素，迁延顾步；夏始春余，叶嫩花初，恐沾裳而浅笑，畏倾船而敛裾。

　　可见当时嬉游的光景了。这真是有趣的事，可惜我们现在早已无福消受了。

　　于是又记起《西洲曲》里的句子：

　　采莲南塘秋，莲花过人头；低头弄莲子，莲子清如水。

　　今晚若有采莲人，这儿的莲花也算得"过人头"了；只不见一些流水的影子，是不行的。这令我到底惦着江南了。——这样想着，猛一抬头，不觉已是自己的门前；轻轻地推门进去，什么声息也没有，妻已睡熟好久了。

（朱自清）

永在的温情

　　他的温情永在我的心头——也永在他的一切友人的心上，我相信。

　　十月十九日下午五点钟，我在一家编译所一位朋友的桌上，偶然拿起了一份刚送来的 Evening Post，被这样的一个标题"中国的高尔基今晨五时去世"惊骇得一跳。连忙读了下来，这惊骇变成了事实：果然是鲁迅先生去世了！

　　这消息像闪雷似的，当头打了下来，我呆坐在那里不言不动。

　　谁想得到这可怕的噩耗竟这样的突然的来呢？

　　鲁迅先生病得很久了，间歇地发着热，但热度并不甚高。一年以来，始终不曾好好的恢复过；但也从不曾好好的休息过。半年以来，情形尤显得不好。缠绵在病榻上总有三四个月。朋友们都劝他转地疗养。他自己也有此意。前一个月，听说他要到日本去。但茅盾告诉我，双十节那一天还遇见他在 Isis 看 Dobrovsky；中国木刻画展览会，他也曾去参观。总以为他是渐渐的复原了，能够出来走走了。谁又想得到这可怕的噩耗竟这样突然的来呢？

　　刚在前几天，他还有信给我，说起一部书出版的事；还附带地说，想早日看见《十竹斋笺谱》的刻成。我还没有来得及写回信。

　　谁想得到这可怕的噩耗竟这样的突然的来呢？

　　我一夜不曾好好的安心地睡。

　　第二天赶到万国殡仪馆，站在他遗像的面前，久久的走不开。再一看，他的遗体正在像下，在鲜花的包围里，面貌还是那么清癯而带些严肃，但双眼却永远的闭上了。

我要哭出来，大声地哭，但我那时竟流不出眼泪，泪水为悲戚所灼干了。我站在那里，久久走不开。我竟不相信，他竟是那样突然的便离我们而远远的向不可知的所在而去了。

但他的友谊的温情却是永在的，永在我的心上——也永在他的一切友人的心上，我相信。

初和他见面时，总以为他是严肃的冷酷的。他的瘦削的脸上，轻易不见笑容。他的谈吐迟缓而有力，渐渐的谈下去，在那里面你便可以发现其可爱的真挚，热情的鼓励与亲切的友谊。他虽不笑，他的话却能引你笑。他是最可谈、最能谈的朋友，你可以坐在他客厅里，他那间书室（兼卧室）里，坐上半天，不觉得一点拘束、一点不舒服。什么话都谈。但他的话头却总是那么有力。他的见解往往总是那么正确。你有什么怀疑，不安，由于他的几句话也许便可以解决你的问题，鼓起你的勇气。

失去了这样的一位温情的朋友，就个人讲，将是怎样的一个损失呢？

他最勤于写作，也最鼓励人写作。他会不惮其烦的几天几夜地在替一位不认识的青年，或一位不深交的朋友，改削创作，校正译稿。其仔细和小心远过于一位私塾的教师。

他曾和我谈起一件事：有一位不相识的青年寄一篇稿子来请求他改。他仔仔细细的改了寄回去。那青年却写信来骂他一顿，说被改涂得太多了。第二次又寄一篇稿子来，他又替他改了寄回去。这一次的回信，却责备他改得太少。

"现在做事真难极了！"他慨叹的说道。对于人的不易对付和做事之难，他这几年来时时的深切地感到。

但他并不灰心，仍然在做着吃力不讨好的改削创作、校正译稿的事，挣扎着病躯，深夜里，仔仔细细的为不相识的青年或不深交的朋友在工作。

这样的温情的指导者和朋友，一旦失去了，将怎样的令人感到不可补赎之痛呢！

他所最恨的是那些专说风凉话而不肯切实的做事的人。会批评，但不工作；会讥嘲，但不动手；会傲慢自夸，但永远拿不出东西来，像那样的人物，他是不客气的要摈之门外，永不相往来的。所谓无诗的诗人，不写文章的文人，他都深诛痛恶的在责骂。

他常感到"工作"的来不及做，特别是在最近一两年，凡做一件事，都总要快快地做。

"迟了恐怕要来不及了。"这句话他常在说。

那样的清楚的心境，我们都是同样的深切地感到的。想不到他自己真的便是那么快的便逝去，还留下要做的许多事没有来得及做——但，后死者却要继续他的事业下去的！

我和他第一次的相见是在同爱罗先诃到北平去的时候。

他着了一件黑色的夹外套，戴着黑色呢帽，陪着爱罗先诃到女师大的大礼堂里去，我们匆匆的谈了几句话。因为自己不久便回到南边来，在北平竟不曾再见一次面。

后来，他自己说，他那件黑色的夹外套，到如今还有时着在身上。

我编《小说月报》的时候，曾不时的通信向他要些稿子。除了说起稿子的事，别的该也没有什么。

最早使我笼罩在他温热的友情之下的，是一次讨论到"三言"问题的信。

我在上海研究中国小说，完全像盲人骑瞎马，乱闯乱摸，一点凭借都没有，只是节省着日用，以浅浅的薪水购书，而即以所购入之零零落落的破书，作为研究的资源。那时候实在贫乏得，肤浅得可笑，偶尔得到一部原版的《隋唐演义》却以为是了不得的奇遇，至于"三言"之类的书，却是连梦魂里也不曾读到。

他的《中国小说史略》的出版，减少了许多我在暗中摸索之苦。我有一次写信问他《醒世恒言》、《警世通言》及《喻世名言》的事，他的回信很快的便来了，附来的是他抄录的一张《醒世恒言》的全目。——这张目录我至今还保全在我的一部中国小说史略里。他说，《喻世》、《警世》，他也没有见到。《醒世恒言》他只有半部。但有一位朋友那里藏有全书，所以他便借了来，抄下目录寄给我。

当时，我对于这个有力的帮助，说不出应该怎样的感激才好。这目录供给了我好几次的应用。

后来，我很想看看《西湖二集》（那部书在上海是永远不会见到的），又写信问他有没有此书。不料随了回信同时递到的却是一包厚厚的包裹。打开了看时，却是半部明末版的《西湖二集》，附有全图。我那时实在眼光小得可怜，几曾见过几部明版附插图的平话集，见了《西湖二集》为之狂喜！而他的信道，他现在不弄中国小说，这书留在手边无用，送了给我吧。这贵重的礼物，从一个只见一面的不深交的朋友那里来，这感动是至今跃跃在心头的。

我生平从没有意外的获得。我的所藏的书，一部部都是很辛苦的设法购得的；购书的钱，都是中夜灯下疾书的所得或减衣缩食的所余。一部部书都可看出我自己的夏日的汗，冬夜的凄栗，有红丝的睡眼，右手执笔处的指端的硬茧和酸痛的右臂。但只有这一集可宝贵的书，乃是我书库里惟一的友情的赠与——只有这一部书！

现在这部《西湖二集》也还堆在我最珍爱的几十部明版书的中间，看了它便要泫然泪下。这可爱的直率的真挚的友情，这不意中的难得的帮助，如今是不能再有了！

但我心头的温情是永在的！——这温情也永在他的一切友人的心上，我相信。

"九·一八"以后，他到过北平一趟，得到青年人最大的热烈的欢迎。但过了几天，便悄悄的走了。他原是去探望他母亲的病去的，我竟来不及去看他。

但那一年寒假的时候，我回到上海，到他寓所时，他便和我谈起在北平的所获。

"木刻画如今是末路了，但还保存在笺纸上。不过，也难说，保全得不会久。"他深思的说道。

他搬出不少的彩色笺纸来给我看，都是在北平时所购得的。

"要有人把一家家南纸店所出的笺纸，搜罗了一下，用好纸印刷个几十部，作为笺谱，倒是一件好事。"他说道。

过了一会儿，他又道："这要住在北平的人方能做事，我在这里不能做这事。"

我心里很跃动，正想说："那么，我来做吧。"而他慢吞吞地续说道："你倒可以做，要是费些工作，倒可以做。"

我立刻便将这责任担负了下来，但说明搜罗而得的笺纸，由他负选择之责。我相信他的选择要比我高明得多。

以后，我一包一包的将购得的笺样送到上海，经他选择后，再一包一包的寄回。

中间，我曾因事把这工作停顿了两三个月。他来信说："这事我们得赶快做，否则，要来不及做，或轮不到我们做。"

在他的督促和鼓励之下，那六巨册的美丽的《北平笺谱》方才得以告成。

有一次，我到上海来，带回了亡友王孝慈先生所藏的《十竹斋笺谱》四册，顺便的送到他家里给他看。

这部谱，刻得极精致，是明末版画里最高的收获。但刻成的年月是崇祯十六年的夏天，所以流传得极少。

"这部书似也不妨翻刻一下。"我提议道。那时，我为《北平笺谱》的成功所鼓励，勇气有余。

"好的，好的，不过要赶快做！"他道。

想不到全部要翻刻，工程浩大无比，所耗也不资，几乎不是我们的力量所及。第一册已出版了，第二册也刻好待印；而鲁迅先生却等不及见到第三册以下的刻成了！

对于美好的东西，似乎他都喜爱。我曾经有过一个意思，要集合六朝造像及墓志的花纹刻为一书。但他早已注意及此了。他告诉我说，他所藏的六朝造像的拓本也不少，如今还在陆续的买。

他是最能分别得出美与丑，永远的不朽与急就的草率的。

除了以朽腐为神奇，而沾沾自喜，向青年们施以毒害的宣传之外，他对于古代的遗产，决不歧视，反而抱着过分的喜爱。

他曾经告诉过我，他并不反对袁中郎；中郎是十分方巾气的，这在

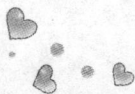

他文集里便可见。他所厌弃、所斥责的乃是只见中郎的一面，而恣意鼓吹着的人物。

京平刚从鲁迅先生那里得到最大的鼓励，他感激得几乎哭出来。但想不到鲁迅竟这样的突然的过去了！

第三天我在万国殡仪馆门口遇见他；他的嘴唇在颤动，眼圈在红。

从万国公墓归来后，他给我一封信道："我心已经分裂。我从到达公墓时，就失去了约束自己的力量，一直到墓石封合了！我竟痛哭失声。先生，这是我平生第一痛苦的事了，他匆匆地瞥了我一眼，就去了——"

但他并没有去。他的温情永在我的心头——也永在他的一切友人的心上，我相信。

（郑振铎）

大明湖之春

一听到"大明湖"这三个字，便联想到春光明媚和湖光山色。

北方的春本来就不长，还往往被狂风给七手八脚地刮了走。济南的桃李丁香与海棠什么的，差不多年年被黄风吹得一干二净，地暗天昏，落花与黄沙卷在一处，再睁眼时，春已过去了！记得有一回，正是丁香乍开的时候，也就是下午两三点钟吧，屋中就非点灯不可了；风是一阵比一阵大，天色由灰而黄而深黄，而黑黄，而漆黑，黑得可怕。第二天去看院中的两株紫丁香，花已像煮过一回，嫩叶几乎全破了！济南的秋冬，风倒很少，大概都留在春天刮呢。

有这样的风在这儿等着，济南简直可以说没春天，那么，大明湖之春更无从说起。

济南的三大名胜，名字都起得好：千佛山，趵突泉，大明湖，都多么响亮好听！一听到"大明湖"这三个字，便联想到春光明媚和湖光山色等等，而心中浮现出一幅美景来。事实上，可是，它既不大，又不明，也不湖。

湖中现在已不是一片清水，而是用坝划开的多少块"地"。"地"外留着几条沟，游艇沿沟而行，即是逛湖。水田不需要多么深的水，所以水黑而不清；也不要急流，所以水定而无波。东一块莲，西一块蒲，土坝挡住了水，蒲苇又遮住了莲，一望无景，只见高高低低的"庄稼"。艇行沟内，如穿高粱地然，热气腾腾，碰巧了还臭气。夏天总算还好，假若水不太臭，多少总能闻到一些荷香，而且必能看到些绿叶儿。春天，则下有黑汤、旁有破烂的土坝；风又那么野，绿柳新蒲东倒西歪，恰似挣命。所以，它既不大，又不明，也不湖。

话虽如此，这个湖到底得算个名胜。湖之不大与不明，都因为湖已不湖。假若能把"地"都收回，拆开土坝，挖深了湖身，它当然可以马上既大且明起来：湖面原本不小，而济南又有的是清凉的泉水呀。这个，也许一时做不到。不过，即使做不到这一步，就现状而言，它还应当算作名胜。北方的城市，要找有这么一片水的，真是好不容易了。千佛山满可以不算数儿，配作个名胜与否简直没多大关系，因为山在北方不是什么难找的东西呀。水，可太难找了。济南城内据说有七十二泉，城外有河，可是还非有个湖不可。泉，池，河，湖，四者具备，这才显出济南的特色与可贵。它是北方惟一的"水城"，这个湖是少不得的。设若我们游湖时，只见沟而不见湖，请到高处去看看吧，比如在千佛山上往北眺望，则见城北灰绿的一片——大明湖；城外，华鹊二山夹着弯弯的一道灰亮光儿——黄河。这才明白了济南的不凡，不但有水，而且是这样多呀。

况且，湖景若无可观，湖中的出产可是很名贵呀。懂得什么叫作美的人或者不如懂得什么好吃的人多吧，游过苏州的往往只记得此地的点心。逛过西湖的提起来便念道那里的龙井茶，藕粉与莼菜什么的，吃到

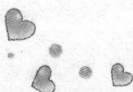

肚子里的也许比一过眼的美景更容易记住，那么大明湖的蒲菜，茭白，白花藕，还真许是它驰名天下的重要原因呢。不论怎么说吧，这些东西既都是水产，多少总带着些南国风味；在夏天，青菜挑子上带着一束束的大白莲花出卖，在北方大概只有济南能这么"阔气"。

我写过一本小说——《大明湖》——在"一·二八"与商务印书馆一同被火烧掉了。记得我描写过一段大明湖的秋景，词句全想不起来了，只记得是什么什么秋。桑子中先生给我画过一张油画，也画的是大明湖之秋，现在还在我的屋中挂着。我写的，他画的，都是大明湖，而且都是大明湖之秋，这里大概有点意思。对了，只是在秋天，大明湖才有些美呀。济南的四季，惟有秋天最好，晴暖无风，处处明朗。这时候，请到城墙上走走，俯视秋湖，败柳残荷，水平如镜；惟其是秋色。所以连那些残破的土坝也似乎正与一切景物配合：土坝上偶尔有一两截断藕，或一些黄叶的野蔓，配着三五枝芦花，确是有些画意。"庄稼"已都收了，湖显着大了许多，大了当然也就显着明。不仅是湖宽水净，显着明美，抬头向南看，半黄的千佛山就在面前，开元寺那边的"檄子"——概是个塔吧——静静地立在山头上。往北看，城外的河水很清，菜畦中还生着短短的绿叶。往南往北，往东往西，看吧，处处空阔明朗，有山有湖，有城有河，到这时候，我们真得到个"明"字了。桑先生那张画便是在北城墙上画的，湖边只有几株秋柳，湖中只有一只游艇，水作灰蓝色，柳叶儿半黄。湖外，他画上了千佛山；湖光山色，连成一幅秋图，明朗，素净，柳梢上似乎吹着点不大能觉出来的微风。

对不起，题目是大明湖之春，我却说了大明湖之秋，可谁教亢德先生出错了题呢！

（老舍）

从百草园到三味书屋

油蛉在这里低唱，蟋蟀们在这里弹琴。

我家的后面有一个很大的园，相传叫作百草园。现在是早已并屋子一起卖给朱文公的子孙了，连那最末次的相见也已经隔了七八年，其中似乎确凿只有一些野草；但那时却是我的乐园。

不必说碧绿的菜畦，光滑的石井栏，高大的皂荚树，紫红的桑椹；也不必说鸣蝉在树叶里长吟，肥胖的黄蜂伏在菜花上，轻捷的叫天子（云雀）忽然从草间直窜向云霄里去了。单是周围的短短的泥墙根一带，就有无限趣味。油蛉在这里低唱，蟋蟀们在这里弹琴。翻开断砖来，有时会遇见蜈蚣；还有斑蝥，倘若用手指按住它的脊梁，便会拍的一声，从后窍喷出一阵烟雾。何首乌藤和木莲藤缠络着，木莲有莲房一般的果实，何首乌有臃肿的根。有人说，何首乌根是有像人形的，吃了便可以成仙，我于是常常拔它起来，牵连不断地拔起来，也曾因此弄坏了泥墙，却从来没有见过有一块根像人样。如果不怕刺，还可以摘到覆盆子，像小珊瑚珠攒成的小球，又酸又甜，色味都比桑椹要好得远。

长的草里是不去的，因为相传这园里有一条很大的赤练蛇。

长妈妈曾经讲给我一个故事听：先前，有一个读书人住在古庙里用功，晚间，在院子里纳凉的时候，突然听到有人在叫他。答应着，四面看时，却见一个美女的脸露在墙头上，向他一笑，隐去了。他很高兴；但竟给那走来夜谈的老和尚识破了机关。说他脸上有些妖气，一定遇见"美女蛇"了；这是人首蛇身的怪物，能唤人名，倘一答应，夜间便要来吃这人的肉的。他自然吓得要死，而那老和尚却道无妨，给他一个小盒子，说只要放在枕边，便可高枕而卧。他虽然照样办，却总是睡不着，

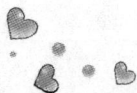

——当然睡不着的。到半夜，果然来了，沙沙沙！门外像是风雨声。他正抖作一团时，却听得豁的一声，一道金光从枕边飞出，外面便什么声音也没有了，那金光也就飞回来，敛在盒子里。后来呢？后来，老和尚说，这是飞蜈蚣，它能吸蛇的脑髓，美女蛇就被它治死了。

结末的教训是：所以倘有陌生的声音叫你的名字，你万不可答应他。

这故事很使我觉得做人之险，夏夜乘凉，往往有些担心，不敢去看墙上，而且极想得到一盒老和尚那样的飞蜈蚣。走到百草园的草丛旁边时，也常常这样想。但直到现在，总还是没有得到，但也没有遇见过赤练蛇和美女蛇。叫我名字的陌生声音自然是常有的，然而都不是美女蛇。

冬天的百草园比较的无味；雪一下，可就两样了。拍雪人（将自己的全形印在雪上）和塑雪罗汉需要人们鉴赏，这是荒园，人迹罕至，所以不相宜，只好来捕鸟。薄薄的雪，是不行的；总须积雪盖了地面一两天，鸟雀们久已无处觅食的时候才好。扫开一块雪，露出地面，用一支短棒支起一面大的竹筛来，下面撒些秕谷，棒上系一条长绳，人远远地牵着，看鸟雀下来啄食，走到竹筛底下的时候，将绳子一拉，便罩住了。但所得的是麻雀居多，也有白颊的"张飞鸟"，性子很躁，养不过夜的。

这是闰土的父亲所传授的方法，我却不大能用。明明见它们进去了，拉了绳，跑去一看，却什么都没有，费了半天力，捉住的不过三四只。闰土的父亲是小半天便能捕获几十只，装在叉袋里叫着撞着的。我曾经问他得失的缘由，他只静静地笑道：你太性急，来不及等它走到中间去。

我不知道为什么家里的人要将我送进书塾里去了，而且还是全城中称为最严厉的书塾。也许是因为拔何首乌毁了泥墙罢，也许是因为将砖头抛到间壁的梁家去了罢，也许是因为站在石井栏上跳了下来罢，……都无从知道。总而言之：我将不能常到百草园了。Ade，我的蟋蟀们！Ade，我的覆盆子们和木莲们！……

出门向东，不上半里，走过一道石桥，便是我的先生的家了。从一扇黑油的竹门进去，第三间是书房。中间挂着一块匾道：三味书屋；匾下面是一幅画，画着一只很肥大的梅花鹿伏在古树下。没有孔子牌位，我们便对着那匾和鹿行礼。第一次算是拜孔子，第二次算是拜先生。

第二次行礼时，先生便和蔼地在一旁答礼。他是一个高而瘦的老人，须发都花白了，还戴着大眼镜。我对他很恭敬，因为我早听到，他是本城中极方正、质朴、博学的人。

不知从哪里听来的，东方朔也很渊博，他认识一种虫，名曰"怪哉"，冤气所化，用酒一浇，就消释了。我很想详细地知道这故事，但阿长是不知道的，因为她毕竟不渊博。现在得到机会了，可以问先生。

"先生，'怪哉'这虫，是怎么一回事？……"我上了生书，将要退下来的时候，赶忙问。

"不知道！"他似乎很不高兴，脸上还有怒色了。

我才知道做学生是不应该问这些事的，只要读书，因为他是渊博的宿儒，决不至于不知道，所谓不知道者，乃是不愿意说。年纪比我大的人，往往如此，我遇见过好几回了。

我就只读书，正午习字，晚上对课。先生最初这几天对我很严厉，后来却好起来了，不过给我读的书渐渐加多，对课也渐渐地加上字去，从三言到五言，终于到七言。

三味书屋后面也有一个园，虽然小，但在那里也可以爬上花坛去折腊梅花，在地上或桂花树上寻蝉蜕。最好的工作是捉了苍蝇喂蚂蚁，静悄悄地没有声音。然而同窗们到园里的太多，太久，可就不行了，先生在书房里便大叫起来：

"人都到那里去了?!"

人们便一个一个陆续走回去；一同回去，也不行的。他有一条戒尺，但是不常用，也有罚跪的规则，但也不常用，普通总不过瞪几眼，大声道：

"读书！"

于是大家放开喉咙读一阵书，真是人声鼎沸。有念"仁远乎哉我欲仁斯仁至矣"的，有念"笑人齿缺曰狗窦大开"的，有念"上九潜龙勿用"的，有念"厥土下上上错厥贡苞茅橘柚"的……先生自己也念书。后来，我们的声音便低下去，静下去了，只有他还大声朗读着：

"铁如意，指挥倜傥，一座皆惊呢~~；金叵罗，颠倒淋漓噫，千杯未醉嗬……"

我疑心这是极好的文章，因为读到这里，他总是微笑起来，而且将头仰起，摇着，向后面拗过去，拗过去。

先生读书入神的时候，于我们是很相宜的。有几个便用纸糊的盔甲套在指甲上做戏。我是画画儿，用一种叫作"荆川纸"的，蒙在小说的绣像上一个个描下来，像习字时候的影写一样。读的书多起来，画的画也多起来；书没有读成，画的成绩却不少了，最成片段的是《荡寇志》和《西游记》的绣像，都有一大本。后来，因为要钱用，卖给一个有钱的同窗了。他的父亲是开锡箔店的；听说现在自己已经做了店主，而且快要升到绅士的地位了。这东西早已没有了罢。

（鲁迅）

我所知道的康桥

也不想别的，我只要那晚钟撼动的黄昏，没遮拦的田野，独自斜倚在软草里，看第一个大星在天边出现！

（一）

我这一生的周折，大都寻得出感情的线索。不论别的，单说求学。我到英国是为要从罗素。罗素来中国时，我已经在美国。他那不确的死耗传到的时候，我真的出眼泪不够，还做悼诗来了。他没有死，我自然高兴。我摆脱了哥伦比亚大学博士衔的引诱，买船票漂过大西洋，想跟这位二十世纪的福禄泰尔认真念一点书去。谁知一到英国才知道事情变样了：一为他在战时主张和平，二为他离婚，罗素叫康桥给除名了，他原来是 TrinityCollege 的 Fellow，这一来他的 Fellowship 也给取消了。他回英国后就在伦敦住下，夫妻两人卖文章过日子。因此我也不曾遂我从学的始愿。我在伦敦政治经济学院里混了半年，正感着闷想换路走的时候，我认识了狄更生先生。狄更生——Galsworthy Lowes Dickinson——是一个有名的作者，他的《一个中国人通信》（Letters Form John Chinaman）与《一个现代聚餐谈话》（A Modern Symposium）两本小册子早得了我的景仰。我第一次会着他是在伦敦国际联盟协会席上，那天林宗孟先生演说，他做主席；第二次是宗孟寓里吃茶，有他，以后我常到他家里去。他看出我的烦闷，劝我到康桥去，他自己是王家学院（Kings College）的Fellow。我就写信去问两个学院，回信都说学额早满了，随后还是狄更生先生替我去在他的学院里说好了，给我一个特别生的资格，随意选科听讲。从此黑方巾，黑披袍的风光也被我占着了。初起我在离康桥六英里的乡下叫沙士顿地方租了几间小屋住下，同居的有我从前的夫人张幼仪女士与郭虞裳君。每天一早我坐街车（有时骑自行车）上学，到晚回家。这样的生活过了一个春，但我在康桥还只是个陌生人，谁都不认识，康桥的生活，可以说完全不曾尝着，我知道的只是一个图书馆，几个课室，和三两个吃便宜饭的茶食铺子。狄更生常在伦敦或是大陆上，所以也不常见他。那年的秋季我一个人回到康桥，整整有一学年，那时我才有机会接近真正的康桥生活，同时我也慢慢的"发见"了康桥。我不曾知道过更大的愉快。

（二）

"单独"是一个耐寻味的现象。我有时想它是任何发见的第一个条件。你要发见你的朋友的"真"，你得有与他单独的机会。你要发见你自己的真，你得给你自己一个单独的机会。你要发见一个地方（地方一样有灵性），你也得有单独玩的机会。我们这一辈子，认真说，能认识几个人？能认识几个地方？我们都是太匆忙，太没有单独的机会。说实话，我连我的本乡都没有什么了解。康桥我要算是有相当交情的，再次许只有新认识的翡冷翠了。啊，那些清晨，那些黄昏，我一个人发痴似的在

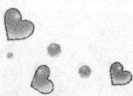

康桥！绝对的单独。

　　但一个人要写他最心爱的对象，不论是人是地，是多么使他为难的一个工作？你怕，你怕描坏了它，你怕说过分了恼了它，你怕说太谨慎了辜负了它。我现在想写康桥，也正是这样的心理，我不曾写，我就知道这回是写不好的——况且又是临时逼出来的事情。但我却不能不写，上期预告已经出去了。我想勉强分两节写，一是我所知道的康桥的天然景色；一是我所知道的康桥的学生生活。我今晚只能极简的写些，等以后有兴会时再补。

（三）

　　康桥的灵性全在一条河上；康河，我敢说，是全世界最秀丽的一条水。河的名字是葛兰大（Granta），也有叫康河（KiverCam）的，许有上下流的区别，我不甚清楚。河身多的是曲折，上游是有名的拜伦潭——"Byron'sPool"——当年拜伦常在那里玩的；有一个老村子叫格兰骞斯德，有一个果子园，你可以躺在累累的桃李树荫下吃茶，花果会掉入你的茶杯，小雀子会到你桌上来啄食，那真是别有一番天地。这是上游；下游是从骞斯德顿下去，河面展开，那是春夏间竞舟的场所。上下河分界处有一个坝筑，水流急得很，在星光下听水声，听近村晚钟声，听河畔倦牛刍草声，是我康桥经验中最神秘的一种：大自然的优美，宁静，调谐在这星光与波光的默契中不期然的淹入了你的性灵。

　　但康河的精华是在它的中游，著名的"Backs"，这两岸是几个最蜚声的学院的建筑。从上面下来是 Pembroke，st.Katharine's，King's，Clare，Trinity，St.John's。最令人留连的一节是克莱亚与王家学院的毗连处，克莱亚的秀丽紧邻着王家教堂（King'sChapel）的宏伟。别的地方尽有更美更庄严的建筑，例如巴黎赛因河的罗浮宫一带，威尼斯的利阿尔多大桥的两岸，翡冷翠维基乌大桥的周遭；但康桥的"Backs"自有它的特长，这不容易用一二个状词来概括，它那脱尽尘埃气的一种清澈秀逸的意境可说是超出了画图而化生了音乐的神味。再没有比这一群建筑更调谐更匀称的了！论画，可比的许只有柯罗（Corot）的田野；论音乐，可比的许只有萧班（Chopin）的夜曲。就这也不能给你依稀的印象，它给你的美感简直是神灵性的一种。

假如你站在王家学院桥边的那棵大树荫下眺望，右侧面，隔着一大方浅草坪，是我们的校友居（FellowsBuilding），那年代并不早，但它的妩媚也是不可掩的，它那苍白的石壁上春夏间满缀着艳色的蔷薇在和风中摇颤，更移左是那教堂，森林似的尖阁不可溉的永远直指着天空；更左是克莱亚，啊！那不可信的玲珑的方庭，谁说这不是圣克莱亚（St. Clare）的化身，哪一块石上不闪耀着她当年圣洁的精神？在克莱亚后背隐约可辨的是康桥最华贵最骄纵的三清学院（Trinity），它那临河的图书楼上坐镇着拜伦神采惊人的雕像。

但这时你的注意早已叫克莱亚的三环洞桥魔术似的摄住。你见过西湖白堤上的西泠断桥不是？（可怜它们早已叫代表近代丑恶精神的汽车公司给踩平了，现在它们跟着苍凉的雷峰永远辞别了人间。）你忘不了那桥上斑驳的苍苔，木栅的古色，与那桥拱下泄露的湖光与山色不是？克莱亚并没有那样体面的衬托，它也不比庐山栖贤寺旁的观音桥，上瞰五老的奇峰，下临深潭与飞瀑；它只是怯伶伶的一座三环洞的小桥，它那桥洞间也只掩映着细纹的波鳞与婆娑的树影，它那桥上栉比的小穿阑与阑节顶上双双的白石球，也只是村姑子头上不夸张的香草与野花一类的装饰；但你凝神的看着，更凝神的看着，你再反省你的心境，看还有一丝屑的俗念沾滞不？只要你审美的本能不曾汨灭时，这是你的机会实现纯粹美感的神奇！

但你还得选你赏鉴的时辰。英国的天时与气候是走极端的。冬天是荒谬的坏，逢着连绵的雾盲天你一定不迟疑的甘愿进地狱本身去试试；春天（英国是几乎没有夏天的）是更荒谬的可爱，尤其是它那四五月间最渐缓最艳丽的黄昏，那才真是寸寸黄金。在康河边上过一个黄昏是一服灵魂的补剂。啊！我那时蜜甜的单独，那时蜜甜的闲暇。一晚又一晚的，只见我出神似的倚在桥阑上向西天凝望：

看一回凝静的桥影，

数一数螺钿的波纹:

我倚暖了石阑的青苔,

青苔凉透了我的心坎;……

还有几句更笨重的怎能仿佛那游丝似轻妙的情景:

难忘七月的黄昏,远树凝寂,

像墨泼的山形,衬出轻柔暝色,

密稠稠,七分鹅黄,三分橘绿,

那妙意只可去秋梦边缘捕捉;……

(四)

这河身的两岸都是四季常青最葱翠的草坪。从校友居的楼上望去,对岸草场上,不论早晚,永远有十数匹黄牛与白马,胫蹄没在恣蔓的草丛中,从容的在咬嚼,星星的黄花在风中动荡,应和着它们尾鬃的扫拂。桥的两端有斜倚的垂柳与荫护住。水是澈底的清澄,深不足四尺,匀匀的长着长条的水草。这岸边的草坪又是我的爱宠,在清明,在傍晚,我常去这天然的织锦上坐地,有时读书,有时看水;有时仰卧着看天空的行云,有时反仆着搂抱大地的温软。

但河上的风流还不止两岸的秀丽。你得买船去玩。船不止一种:有普通的双桨划船,有轻快的薄皮舟(Canoe),有最别致的长形撑篙船(Punt)。最末的一种是别处不常有的:约莫有二丈长,三尺宽,你站直在船梢上用长竿撑着走的。这撑是一种技术。我手脚太蠢,始终不曾学会。你初起手尝试时,容易把船身横住在河中,东颠西撞的狼狈。英国人是不轻易开口笑人的,但是小心他们不出声的皱眉!也不知有多少次河中本来优闲的秩序叫我这莽撞的外行给搅乱了。我真的始终不曾学会;每回我不服输跑去租船再试的时候,有一个白胡子的船家往往带讥讽的对我说:“先生,这撑船费劲,天热累人,还是拿个薄皮舟溜溜吧!”我哪里肯听,长篙子一点就把船撑了开去,结果还是把河身一段段的腰斩了去!

你站在桥上去看人家撑，那多不费劲，多美！尤其在礼拜天有几个专家的女郎，穿一身缟素衣服，裙裾在风前悠悠的飘着，戴一顶宽边的薄纱帽，帽影在水草间颤动，你看她们出桥洞时的姿态，捻起一根竟像没有分量的长竿，只轻轻的，不经心的往波心里一点，身子微微的一蹲，这船身便波的转出了桥影，翠条鱼似的向前滑了去。她们那敏捷，那闲暇，那轻盈，真是值得歌咏的。

在初夏阳光渐暖时你去买一只小船，划去桥边荫下躺着念你的书或是做你的梦，槐花香在水面上飘浮，鱼群的唼喋声在你的耳边挑逗。或是在初秋的黄昏，近着新月的寒光，望上流僻静处远去。爱热闹的少年们携着他们的女友，在船沿上支着双双的东洋彩纸灯，带着话匣子，船心里用软垫铺着，也开向无人迹处去享他们的野福——谁不爱听那水底翻的音乐在静定的河上描写梦意与春光！

住惯城市的人不易知道季候的变迁。看见叶子掉知道是秋，看见叶子绿知道是春；天冷了装炉子，天热了拆炉子；脱下棉袍，换上夹袍，脱下夹袍，穿上单袍，不过如此罢了。天上星斗的消息，地下泥土里的消息，空中风吹的消息，都不关我们的事。忙着哪，这样那样事情多着，谁耐烦管星星的移转，花草的消长，风云的变幻？同时我们抱怨我们的生活，苦痛，烦闷，拘束，枯燥，谁肯承认做人是快乐？谁不多少间咒诅人生？

但不满意的生活大都是由于自取的。我是一个生命的信仰者，我信生活决不是我们大多数人仅仅从自身经验推得的那样暗惨。我们的病根是在"忘本"。人是自然的产儿，就比枝头的花与鸟是自然的产儿；但我们不幸是文明人，入世深似一天，离自然远似一天。离开了泥土的花草，离开了水的鱼，能快活吗？能生存吗？从大自然，我们取得我们的生命；从大自然，我们应分取得我们继续的资养。哪一株婆婆的大木没有盘错的根柢深入在无尽藏的地里？我们是永远不能独立的。有幸福是永远不离母亲抚育的孩子，有健康是永远接近自然的人们。不必一定与鹿豕游，不必一定回"洞府"去；为医治我们当前生活的枯窘，只要"不完全遗忘自然"一张轻淡的药方，我们的病象就有缓和的希望。在青草里打几

个滚，到海水里洗几次浴，到高处去看几次朝霞与晚照——你肩背上的负担就会轻松了去的。

这是极肤浅的道理，当然。但我要没有过过康桥的日子，我就不会有这样的自信。我这一辈子就只那一春，说也可怜，算是不曾虚度。就只那一春，我的生活是自然的，是真愉快的！（虽则碰巧那也是我最感受人生痛苦的时期。）我那时有的是闲暇，有的是自由，有的是绝对单独的机会。说也奇怪，竟像是第一次，我辨认了星月的光明，草的青，花的香，流水的殷勤。我能忘记那初春的睥睨吗？曾经有多少个清晨我独自冒着冷薄霜铺地的林子里闲步——为听鸟语，为盼朝阳，为寻泥土里渐次苏醒的花草，为体会最微细最神妙的春信。啊，那是新来的画眉在那边凋不尽的青枝上试它的新声！啊，这是第一朵小雪球花挣出了半冻的地面！啊，这不是新来的潮润沾上了寂寞的柳条？

静极了，这朝来水溶溶的大道，只远处牛奶车的铃声，点缀这周遭的沉默。顺着这大道走去，走到尽头，再转入林子里的小径，往烟雾浓密处走去，头顶是交枝的榆荫，透露着漠楞楞的曙色；再往前走去，走尽这林子，当前是平坦的原野，望见了村舍，初青的麦田，更远三两个馒形的小山掩住了一条通道。天边是雾茫茫的，尖尖的黑影是近村的教寺。听，那晓钟和缓的清音。这一带是此邦中部的平原，地形像是海里的轻波，默沉沉的起伏；山岭是望不见的，有的是常青的草原与沃腴的田壤。登那土阜上望去，康桥只是一带茂林，拥戴着几处娉婷的尖阁。妩媚的康河也望不见踪迹，你只能循着那锦带似的林木想象那一流清浅。村舍与树林是这地盘上的棋子，有村舍处有佳荫，有佳荫处有村舍。这早起是看炊烟的时辰：朝雾渐渐的升起，揭开了这灰苍苍的天幕（最好是微霭后的光景），远近的炊烟，成丝的，成缕的，成卷的，轻快的，迟重的，浓灰的，淡青的，惨白的，在静定的朝气里渐渐的上腾，渐渐的不见，仿佛是朝来人们的祈祷，参差的翳入了天听。朝阳是难得见的，这初春的天气。但它来时是起早人莫大的愉快。顷刻间这田野添深了颜色，一层轻纱似的金粉掺上了这草，这树，这通道，这庄舍。顷刻间这周遭弥漫了清晨富丽的温柔。顷刻间你的心怀也分润了白天诞生的光荣。"春!"这胜利的晴空仿佛在你的耳边私语。"春!"你那快活的灵魂也仿佛在那里回响。

伺候着河上的风光,这春来一天有一天的消息。关心石上的苔痕,关心败草里的花鲜,关心这水流的缓急,关心水草的滋长,关心天上的云霞,关心新来的鸟语。怯伶伶的小雪球是探春信的小使。铃兰与香草是欢喜的初声。窈窕的莲馨,玲珑的石水仙,爱热闹的克罗克斯,耐辛苦的蒲公英与雏菊——这时候春光已是烂缦在人间,更不须殷勤问讯。

瑰丽的春放。这是你野游的时期。可爱的路政,这里不比中国,哪一处不是坦荡荡的大道?徒步是一个愉快,但骑自转车是一个更大的愉快。在康桥骑车是普遍的技术;妇人,稚子,老翁,一致享受这双轮舞的快乐(在康桥听说自转车是不怕人偷的,就为人人都自己有车,没人要偷)。任你选一个方向,任你上一条通道,顺着这带草味的和风,放轮远去,保管你这半天的逍遥是你性灵的补剂。这道上有的是清荫与美草,随地都可以供你休憩。你如爱花,这里多的是锦绣似的草原。你如爱鸟,这里多的是巧啭的鸣禽。你如爱儿童,这乡间到处是可亲的稚子。你如爱人情,这里多的是不嫌远客的乡人,你到处可以"挂单"借宿,有酪浆与嫩薯供你饱餐,有夺目的果鲜恣你尝新。你如爱酒,这乡间每"望"都为你储有上好的新酿,黑啤如太浓,苹果酒,姜酒都是供你解渴润肺的。……带一卷书,走十里路,选一块清静地,看天,听鸟,读书,倦了时,和身在草绵绵处寻梦去——你能想象更适情更适性的消遣吗?

陆放翁有一联诗句:"传呼快马迎新月,却上轻舆趁晚凉。"这是做地方官的风流。我在康桥时虽没马骑,没轿子坐,却也有我的风流:我常常在夕阳西晒时骑了车迎着天边扁大的日头直追。日头是追不到的,我没有夸父的荒诞,但晚景的温存却被我这样偷尝了不少。有三两幅画图似的经验至今还是栩栩的留着。只说看夕阳,我们平常只知道登山或是临海,但实际只须辽阔的天际,平地上的晚霞有时也是一样的神奇。有一次我赶到一个地方,手把着一家村庄的篱笆,隔着一大田的麦浪,

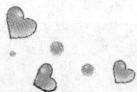

看西天的变幻。有一次是正冲着一条宽广的大道，过来一大群羊，放草归来的，偌大的太阳在它们后背放射着万缕的金辉，天上却是乌青青的，只剩这不可逼视的威光中的一条大路，一群生物！我心头顿时感着神异性的压迫，我真的跪下了，对着这冉冉渐瞑的金光。再有一次是更不可忘的奇景，那是临着一大片望不到头的草原，满开着艳红的罂粟，在青草里亭亭的像是万盏的金灯，阳光从褐色云里斜着过来，幻成一种异样的紫色，透明似的不可逼视，刹那间在我迷眩了的视觉中，这草田变成了……不说也罢，说来你们也是不信的！

　　一别二年多了，康桥，谁知我这思乡的隐忧？也不想别的，我只要那晚钟撼动的黄昏，没遮拦的田野，独自斜倚在软草里，看第一个大星在天边出现！

（徐志摩）

异国秋思

　　　北海的风光不能粉饰你的寒伧！今雨轩的灯红酒绿，不能安慰忧患的人生。

　　自从我们搬到郊外以来，天气渐渐凉快了。那短篱边牵延着的毛豆叶子，已露出枯黄的颜色来，白色的小野菊，一丛丛由草堆里钻出头来，还有小朵的黄花在凉劲的秋风中抖颤，这一些景象，最容易勾起人们的秋思，况且身在异国呢！低声吟着"帘卷西风，人比黄花瘦"之句，这个小小的灵宫，是弥漫了怅惘的情绪。

　　书房里格外显得清寂，那窗外蔚蓝如碧海似的青天和淡金色的阳光。还有挟着桂花香的阵风，都含了极强烈的，挑拨人们心弦的力量。在这

99

种刺激之下，我们不能继续那死板的读书工作了，在那一天午饭后，建便提议到附近吉祥寺去看秋景。三点多钟我们乘了市外电车前去，——这路程太近了，我们的身体刚刚坐稳便到了。走出长甬道的车站，绕过火车轨道，就看见一座高耸的木牌坊，在横额下有几个汉字写着"井之头恩赐公园"。我们走进牌坊，便见马路两旁树木葱茏，绿阴匝地，一种幽妙的意趣，萦绕脑际。我们怔怔地站在树影下，好像身入深山古林了。在那枝柯掩映中，一道金黄色的柔光正荡漾着，使我想象到一个披着金绿柔发的仙女，正赤着足，踏着白云，从这里经过的情景。再向西方看，一抹彩霞，正横在那叠翠的峰峦上，如黑点的飞鸦，穿林翩翩，我一缕的愁心真不知如何安派，我要吩咐征鸿把它带回故国吧！无奈它是那样不着迹地去了。

我们徘徊在这浓绿深翠的帷幔下，竟忘记前进了。一个身穿和服的中年男人，脚上穿着木屐，提塔提塔地来了。他向我们打量着，我们为避免他的觑视，只好加快脚步走向前去。经过这一带森林，前面有一条鹅卵石堆成的斜坡路，两旁种着整齐的冬青树，只有肩膀高，一阵阵的青草香，从微风里荡过来，我们慢步地走着，陡觉神气清爽，一尘不染。下了斜坡，面前立着一所小巧的东洋式茶馆，里面设了几张小矮几和坐褥，两旁摆着柜台，红的蜜橘，青的苹果，五色的杂糖，错杂地罗列着。

"呀！好眼熟的地方！"我不禁失声地喊了出来。于是潜藏在心底的印象，陡然一幕幕地重映出来，唉！我的心有些抖颤了。我是被一种感怀已往的情绪所激动，我的双眼怔住，胸膈间充塞着悲凉，心弦凄紧地搏动着，自然是回忆到那些曾被流年蹂躏过的往事：

"唉！往事，只是不堪回首的往事哟！"我悄悄地独自叹息着。但是我目前仍然有一幅逼真的图画再现出来……

一群骄傲于幸福的少女们，她们孕育着玫瑰色的希望，当她们将由学校毕业的那一年，曾随了她们德高望重的教师，带着欢乐的心情，渡过日本海来访蓬莱的名胜。在她们登岸的时候，正是暮春三月樱花乱飞的天气。那些缀锦点翠的花树，都是使她们乐游忘倦。她们从天色才黎明，便由东京的旅舍出发，先到上野公园看过樱花的残妆后，又换车到

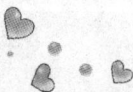

井之头公园来。这时疲倦袭击着她们，非立刻找个地点休息不可。最后她们发现了这个位置清幽的茶馆，便立刻决定进去吃些东西。大家团团围着矮凳坐下，点了两壶龙井茶和一些奇甜的东洋点心，她们吃着喝着，高声谈笑着，她们真像是才出谷的雏莺，只觉眼前的东西，件件新鲜，处处都富有生趣。当然她们是被搂在幸福之神的怀抱里了。青春的爱娇，活泼快乐的心情，她们是多么可艳羡的人生呢！

但是流年把一切都毁坏了！谁能相信今天在这里低徊追怀往事的我，也正是当年幸福者之一呢！哦！流年，残刻的流年啊！它带走了人间的爱娇，它蹂躏了英雄的壮志，使我站在这似曾相识的树下，只有咽泪，我有什么办法，使年光倒流呢！

唉！这仅仅是七年后的今天。呀，这短短的七年中，我走的是崎岖的世路，我攀缘过陡峭的崖壁，我由死的绝谷里逃命，使我尝着忍受由心头淌血的痛苦，命运要我喝干自己的血汁，如同喝玫瑰酒一般……

唉！这一切的刺心回忆，我忍不住流下辛酸的泪滴，连忙离开这容易激动感情的地方吧！我们便向前面野草漫径的小路上走去，忽然听见一阵悲恻的唏嘘声，我仿佛看见张着灰色翅翼的秋神，正躲在那厚密枝叶背后。立时那些枝叶都地颤抖起来。草底下的秋虫，发出连续的唧唧声，我的心感到一阵阵的凄冷；不敢再向前去，找到路旁一张长木凳坐下。我用呆滞的眼光，向那一片阴森森的丛林里睁视，当微风分开枝柯时，我望见那小河里的碧水了。水上起一层波纹，两个少女乘着一只小划子，在波心摇着桨，低声唱着歌儿。我看到这里，又无端伤感起来，觉得喉头哽塞，不知不觉叹道："故国不堪回首呵！"同时那北海的红漪清波便浮现在眼前，那些手携情侣的男男女女，恐怕也正摇着画桨，指点着眼前清丽的秋景，低语款款吧！况且又是菊茂蟹肥的时候，料想长安市上，车水马龙，正不少欢乐的宴聚；这漂泊异国，秋思凄凉的我们当然是无人想起的。不过，我们却深深地眷怀着祖国，渴望得些国内的好消息呢！况且我们又是神经过敏的，揣想到树叶凋落的北平，凄风吹着，冷雨洒着的那些穷苦的同胞，也许正向茫茫的苍天悲诉呢！唉，破碎紊乱的祖国啊！北海的风光不能粉饰你的寒伧！今雨轩的灯红酒绿，不能安慰忧患的人生，深深眷念祖国的我们，这一颗因热望而颤抖的心，最后是被秋风吹冷了。

（庐隐）

芭蕉花

又是风雨飘摇的深夜，天涯羁客不胜落寞的情怀，思念着母亲，我一阵阵鼻酸眼胀。

这是我五六岁时的事情了。我现在想起了我的母亲，突然记起了这段故事。

我的母亲六十六年前是生在贵州省黄平州的。我的外祖父杜琢章公是当时黄平州的州官。到任不久，便遇到苗民起事，致使城池失守，外祖父手刃了四岁的四姨，在公堂上自尽了。外祖母和七岁的三姨跳进州署的池子里殉了节，所用的男工女婢也大都殉难了。我们的母亲那时才满一岁，刘奶妈把我们的母亲背着已经跳进了池子，但又逃了出来。在途中遇着过两次匪难，第一次被劫去了金银首饰，第二次被劫去了身上的衣服。忠义的刘奶妈在农人家里讨了些稻草来遮身，仍然背着母亲逃难。逃到后来遇着赴援的官军才得了解救。最初流到贵州省城，其次又流到云南省城，倚人庐下，受了种种的虐待，但是忠义的刘奶妈始终是保护着我们的母亲。直到母亲满了四岁，大舅赴黄平收尸，便道往云南，才把母亲和刘奶妈带回了四川。

母亲在幼年时分是遭受过这样不幸的人。

母亲在十五岁的时候到了我们家里来，我们现存的兄弟姊妹共有八人，听说还死了一兄三姐。那时候我们的家道寒微，一切炊洗洒扫要和妯娌分担，母亲又多子息，更受了不少的累赘。

　　白日里家务奔忙，到晚来背着弟弟在菜油灯下洗尿布的光景，我在小时还亲眼见过，我至今也还记得。

　　母亲因为这样过于劳苦的原故，身子是异常衰弱的，每年交秋的时候总要晕倒一回，在旧时称为"晕病"，但在现在想来，这怕是产褥中，因为摄养不良的关系所生出的子宫病罢。

　　晕病发了的时候，母亲倒睡在床上，终日只是呻吟呕吐，饭不消说是不能吃的，有时候连茶也几乎不能进口。像这样要经过两个礼拜的光景，又才渐渐回复起来，完全是害了一场大病一样。

　　芭蕉花的故事是和这晕病关连着的。

　　在我们四川的乡下，相传这芭蕉花是治晕病的良药。母亲发了病时，我们便要四处托人去购买芭蕉花。但这芭蕉花是不容易购买的。因为芭蕉在我们四川很不容易开花，开了花时乡里人都视为祥瑞，不肯轻易摘卖。好容易买得了一朵芭蕉花了，在我们小的时候，要管两只肥鸡的价钱呢。

　　芭蕉花买来了，但是花瓣是没有用的，可用的只是瓣里的蕉子。蕉子在已经形成了果实的时候也是没有用的，中用的只是蕉子几乎还是雌蕊的阶段。一朵花上实在是采不出许多的这样的蕉子来。

　　这样的蕉子是一点也不好吃的，我们吃过香蕉的人，如以为吃那蕉子怕会和吃香蕉一样，那是大错而特错了。有一回母亲吃蕉子的时候，在床边上挟过一箸给我，简直是涩得不能入口。

　　芭蕉花的故事便是和我母亲的晕病关连着的。

　　我们四川人大约是外省人居多，在张献忠剿了四川以后——四川人有句话说："张献忠剿四川，杀得鸡犬不留"——在清初时期好像有过一个很大的移民运动。外省籍的四川人各有各的会馆，便是极小的乡镇也都是有的。

　　我们的祖宗原是福建的人，在汀州府的宁化县，听说还有我们的同族住在那里。我们的祖宗正是在清初时分入了四川的，卜居在峨嵋山下一个小小的村里。我们福建人的会馆是天后宫，供的是一位女神叫做"天后圣母"。这天后宫在我们村里也有一座。

　　那是我五六岁时候的事了。我们的母亲又发了晕病。我同我的二哥，他比我要大四岁，同到天后宫去。那天后宫离我们家里不过半里路光景，里面有一座散馆，是福建人子弟读书的地方。我们去的时候散馆已经放了假，大概是中秋前后了。我们隔着窗看见散馆园内的一簇芭蕉，其中有一株刚好开着一朵大黄花，就像尖瓣的莲花一样。我们是欢喜极了。那时候我们家里正在找芭蕉花，但在四处都找不出。我们商量着便翻过窗去摘取那朵芭蕉花。窗子也不过三四尺高的光景，但我那时还不能翻过，是我二哥擎我过去的。我们两人好容易把花苞摘了下来，二哥怕人看见，把来藏在衣袂下同路回去。回到家里了，二哥叫我把花苞拿去献给母亲。我捧着跑到母亲的床前，母亲问我是从甚么地方拿来的，我便直说是在天后宫掏来的。我母亲听了便大大地生气，她立地叫我们跪在床前，只是连连叹气地说："啊，娘生下了你们这样不争气的孩子，为娘的倒不如病死的好了！"我们都哭了，但我也不知为甚么事情要哭。不一会父亲晓得了，他又把我们拉去跪在大堂上的祖宗面前打了我们一阵。我挨掌心是这一回才开始的，我至今也还记得。

我们一面挨打，一面伤心。但我不知道为甚么该讨我父亲、母亲的气。母亲病了要吃芭蕉花，在别处园子里掏了一朵回来，为甚么就犯了这样大的过错呢？

芭蕉花没有用，抱去奉还了天后圣母，大约是在圣母的神座前干掉了罢？

这样的一段故事，我现在一想到母亲，无端地便涌上了心来。我现在离家已十二三年，值此新秋，又是风雨飘摇的深夜，天涯羁客不胜落寞的情怀，思念着母亲，我一阵阵鼻酸眼胀。

啊，母亲，我慈爱的母亲哟！你儿子已经到了中年，在海外已自娶妻生子了。幼年时摘取芭蕉花的故事，为甚么使我父亲、母亲那样的伤心，我现在是早已知道了。但是，我正因为知道了，竟失掉了我摘取芭蕉花的自信和勇气。这难道是进步吗？

（郭沫若）

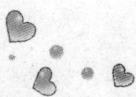

背　影

　　在晶莹的泪光中，又看见那肥胖的，青布棉袍，黑布马褂的背影。

　　我与父亲不相见已二年余了，我最不能忘记的是他的背影。那年冬天，祖母死了，父亲的差使也交卸了，正是祸不单行的日子，我从北京到徐州，打算跟着父亲奔丧回家。到徐州见着父亲，看见满院狼藉的东西，又想起祖母，不禁簌簌地流下眼泪。父亲说，"事已如此，不必难过，好在天无绝人之路！"

　　回家变卖典质，父亲还了亏空；又借钱办了丧事。这些日子，家中光景很是惨淡，一半为了丧事，一半为了父亲赋闲。丧事完毕，父亲要到南京谋事，我也要回北京念书，我们便同行。

　　到南京时，有朋友约去游逛，勾留了一日；第二日上午便须渡江到浦口，下午上车北去。父亲因为事忙，本已说定不送我，叫旅馆里一个熟识的茶房陪我同去。他再三嘱咐茶房，甚是仔细。但他终于不放心，怕茶房不妥帖；颇踌躇了一会。其实我那年已二十岁，北京已来往过两三次，是没有甚么要紧的了。他踌躇了一会，终于决定还是自己送我去。我两三回劝他不必去；他只说，"不要紧，他们去不好！"

　　我们过了江，进了车站。我买票，他忙着照看行李。行李太多了，得向脚夫行些小费，才可过去。他便又忙着和他们讲价钱。我那时真是聪明过分，总觉他说话不大漂亮，非自己插嘴不可。但他终于讲定了价钱；就送我上车。他给我拣定了靠车门的一张椅子；我将他给我做的紫毛大衣铺好座位。他嘱我路上小心，夜里要警醒些，不要受凉。又嘱托茶房好好照应我。我心里暗笑他的迂；他们只认得钱，托他们直是白托！而且我这样大年纪的人，难道还不能料理自己么？唉，我现在想想，那时真是太聪明了！

我说道，"爸爸，你走吧。"他往车外看了看，说，"我买几个橘子去。你就在此地，不要走动。"我看那边月台的栅栏外有几个卖东西的等着顾客。走到那边月台，须穿过铁道，须跳下去又爬上去。父亲是一个胖子，走过去自然要费事些。我本来要去的，他不肯，只好让他去。我看见他戴着黑布小帽，穿着黑布大马褂，深青布棉袍，蹒跚地走到铁道边，慢慢探身下去，尚不大难。可是他穿过铁道，要爬上那边月台，就不容易了。他用两手攀着上面，两脚再向上缩；他肥胖的身子向左微倾，显出努力的样子。这时我看见他的背影，我的泪很快地流下来了。我赶紧拭干了泪，怕他看见，也怕别人看见。我再向外看时，他已抱了朱红的橘子望回走了。过铁道时，他先将橘子散放在地上，自己慢慢爬下，再抱起橘子走。到这边时，我赶紧去搀他。他和我走到车上，将橘子一股脑儿放在我的皮大衣上。于是扑扑衣上的泥土，心里很轻松似的，过一会说，"我走了；到那边来信！"我望着他走出去。他走了几步，回过头看见我，说，"进去吧，里边没人。"等他的背影混入来来往往的人里，再找不着了，我便进来坐下，我的眼泪又来了。

近几年来，父亲和我都是东奔西走，家中光景是一日不如一日。他少年出外谋生，独力支持，做了许多大事。那知老境却如此颓唐！他触目伤怀，自然情不能自已。情郁于中，自然要发之于外；家庭琐屑便往往触他之怒。他待我渐渐不同往日。但最近两年的不见，他终于忘却我的不好，只是惦记着我，惦记着我的儿子。我北来后，他写了一信给我，信中说道，"我身体平安，惟膀子疼痛利害，举箸提笔，诸多不便，大约大去之期不远矣。"我读到此处，在晶莹的泪光中，又看见那肥胖的，青布棉袍，黑布马褂的背影。唉！我不知何时再能与他相见。！

（朱自清）

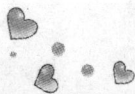

一日的春光

似乎春在九十日来无数地徘徊瞻顾，百就千拦，只为的是今日在此树枝头，快意恣情地一放！

去年冬末，我给一位远方的朋友写信，曾说："我要尽量的吞咽今年北平的春天。"

今年北平的春天来得特别的晚，而且在还不知春在哪里的时候，抬头忽见黄尘中绿叶成阴，柳絮乱飞，才晓得在厚厚的尘沙黄幕之后，春还未曾露面，已悄悄地远引了。

天下事都是如此——

去年冬天是特别的冷，也显得特别的长。每天夜里，灯下孤坐，听着扑窗怒号的朔风，小楼震动，觉得身上心里，都没有一丝暖气，一冬来，一切的快乐，活泼，力量，生命，似乎都冻得蜷伏在每一个细胞的深处。我无聊地安慰自己说，"等着罢，冬天来了，春天还能很远吗？"

然而这狂风，大雪，冬天的行列，排得意外的长，似乎没有完尽的时候。有一天看见湖上冰软了，我的心顿然欢喜，说，"春天来了！"当天夜里，北风又卷起漫天匝地的黄沙，愤怒地扑着我的窗户，把我心中的春意，又吹得四散。有一天，看见柳梢嫩黄了，那天的下午，又不住地下着不成雪的冷雨，黄昏时节，严冬的衣服，又披上了身。有一天看见院里的桃花开了，这天刚刚过午，从东南的天边，顷刻布满了惨暗的黄云，跟着千枝风动，这刚放蕊的春英，又都埋罩在漠漠的黄尘里……

九十天看过尽——我不信了春天！

几位朋友说，"到大觉寺看杏花去罢。"虽然我的心中，始终未曾得到春的消息，却也跟着大家去了。到了管家岭，扑面的风尘里，几百棵杏树枝头，一望已尽是残花败蕊；转到大工，向阳的山谷之中，还有几株盛开的红杏，然而盛开中气力已尽，不是那满树浓红，花蕊相间的情态了。

我想，"春去了就去了罢！"归途中心里倒也坦然，这坦然中是三分悼惜，七分憎嫌，总之，我不信了春天。

四月三十日的下午，有位朋友约我到挂甲屯吴家花园去看海棠，"且喜天气晴明"——现在回想起来，那天是九十春光中惟一的春天——海棠花又是我所深爱的，就欣然地答应了。

东坡恨海棠无香，我却以为若是香得不妙，宁可无香。我的院里栽了几棵丁香和珍珠梅，夏天还有玉簪，秋天还有菊花，栽后都很后悔。因为这些花香，都使我头痛，不能折来养在屋里。所以有香的花中，我只爱兰花，桂花，香豆花和玫瑰，无香的花中，海棠要算我最喜欢的了。

海棠是浅浅的红，红得"乐而不淫"，淡淡的白，白得"哀而不伤"，又有满树的绿叶掩映着，纤适中，像一个天真，健美，欢悦的少女，同是造物者最得意的作品。

斜阳里，我正对着那几树繁花坐下。

春在眼前了！

这四棵海棠在怀馨堂前，北边的那两棵较大，高出堂檐约五六尺。花后是响晴蔚蓝的天，淡淡的半圆的月，遥俯树梢。这四棵树上，有千千万万玲珑娇艳的花朵，乱哄哄地在繁枝上挤着开……

看见过幼稚园放学没有？从小小的门里，挤着的跳出涌出使人眼花缭乱的一大群的快乐，活泼，力量和生命；这一大群跳着涌着的分散在极大的周围，在生的季候里做成了永远的春天！

那在海棠枝上卖力的春，使我当时有同样的感觉。

一春来对于春的憎嫌，这时都消失了，喜悦地仰首，眼前是烂漫的春，骄奢的春，光艳的春，——似乎春在九十日来无数地徘徊瞻顾，百就千拦，只为的是今日在此树枝头，快意恣情地一放！

看得恰到好处，便辞谢了主人回来。这春天吞咽得口有余香！过了三四天，又有友人来约同去，我却回绝了。今年到处寻春，总是太晚，我知道那时若去，已是"落红万点愁如海"，春来萧索如斯，大不必去惹那如海

的愁绪。

虽然九十天中，只有一日的春光，而对于春天，似乎已得了报复，不再怨恨憎嫌了。只是满意之余，还觉得有些遗憾，如同小孩子打架后相寻，大家忍不住回嗔作喜，却又不肯即时言归于好，只背着脸，低着头，撅着嘴说，"早知道你又来哄我找我，当初又何必把我冰在那里呢？"

（冰心）

桨声灯影里的秦淮河

　　河中的繁灯想定是依然。我们却早已走得远，"灯火未阑人散"。

我们消受得秦淮河上的灯影，当圆月犹皎的仲夏之夜。

在茶店里吃了一盘豆腐干丝，两个烧饼之后，以歪歪的脚步踅上夫子庙前停泊着的画舫，就懒洋洋躺到藤椅上去了。好郁蒸的江南，傍晚也还是热的。"快开船罢！"桨声响了。

小的灯舫初次在河中荡漾；于我，情景是颇朦胧，滋味是怪羞涩的。我要错认它作七里的山塘；可是，河房里明窗洞启，映着玲珑入画的曲栏杆，顿然省得身在何处了。佩弦呢，他已是重来，很应当消释一些迷惘的。但看他太频繁地摇着我的黑纸扇。胖子是这个样怯热的吗？

又早是夕阳西下，河上妆成一抹胭脂的薄媚。是被青溪的姊妹们所熏染的吗？还是匀得她们脸上的残脂呢？寂寂的河水，随双桨打它，终是没言语。密匝匝的绮恨逐老去的年华，已都如蜜饧似的融在流波的心窝里，连呜咽也将嫌它多事，更哪里论到哀嘶。心头，宛转的凄怀；口内，徘徊的低唱；留在夜夜的秦淮河上。

在利涉桥边买了一匣烟，荡过东关头，渐荡出大中桥了。船儿悄悄地穿出连环着的三个壮阔的涵洞，青溪夏夜的韶华已如巨幅的画豁然而抖落。哦！凄厉而繁的弦索，颤岔而涩的歌喉，杂着吓哈的笑语声，劈拍的竹牌响，更能把诸楼船上的华灯彩绘，显出火样的鲜明，火样的温煦了。小船儿载着我们，在大船缝里挤着，挨着，抹着走。它忘了自己也是今宵河上的一星灯火。

既踏进所谓"六朝金粉气"的销金锅，谁不笑笑呢！今天的一晚，且默了滔滔的言说，且舒了恻恻的情怀，暂且学着，姑且学着我们平时认为在醉里梦里的他们的憨痴笑语。看！初上的灯儿们一点点掠剪柔腻的波心，梭织地往来，把河水都皱得微明了。纸薄的心旌，我的，尽无休息地跟着它们飘荡，以至于怦怦而内热。这还好说什么的！如此说，诱惑是诚然有的，且于我已留下不易磨灭的印记。至于对榻的那一位先生，自认曾经一度摆脱了纠缠的他，其辩解又在何处？这实在非我所知。

我们，醉不以涩味的酒，以微漾着，轻晕着的夜的风华。不是什么欣悦，不是什么慰藉，只感到一种怪陌生，怪异样的朦胧。朦胧之中似乎胎孕着一个如花的笑——这么淡，那么淡的倩笑。淡到已不可说，已不可拟，且已不可想；但我们终久是眩晕在它离合的神光之下的。我们没法使人信它是有，我们不信它是没有。勉强哲学地说，这或近于佛家的所谓"空"，既不当鲁莽说它是"无"，也不能径直说它是"有"。或者说"有"是有的，只因无可比拟形容那"有"的光景；故从表面看，与"没有"似不生分别。若定要我再说得具体些：譬如东风初劲时，直上高翔的纸鸢，牵线的那人儿自然远得很了，知她是哪一家呢？但凭那鸢尾一缕飘绵的彩线，便容易揣知下面的人寰中，必有微红的一双素手，卷起轻绡的广袖，牢担荷小纸鸢儿的命根的。飘翔岂不是东风的力，又岂不是纸鸢的含德；但其根株却将另有所寄。请问，这和纸鸢的省悟与否有何关系？故我们不能认笑是非有，也不能认朦胧即是笑。我们定应当如此说，朦胧里胎孕着一个如花的幻笑，和朦胧又互相混融着的；因它本来是淡极了，淡极了这么一个。

漫提那些纷烦的话，船儿已将泊在灯火的丛中去了。对岸有盏跳动的汽油灯，佩弦便硬说它远不如微黄的火。我简直没法和他分证那是非。

时有小小的艇子急忙忙打桨，向灯影的密流里横冲直撞。冷静孤独的油灯映见黯淡久的画船头上，秦淮河姑娘们的靓妆。茉莉的香，白兰花的香，脂粉的香，纱衣裳的香……微波泛滥出甜的暗香，随着她们那些船儿荡，随着我们这船儿荡，随着大大小小一切的船儿荡。有的互相笑语，有的默然不响，有的衬着胡琴亮着嗓子唱。一个，三两个，五六七个，比肩坐在船头的两旁，也无非多添些淡薄的影儿葬在我们的心上——太过火了，不至于罢，早消失在我们的眼皮上。谁都是这样急忙忙的打着桨，谁都是这样向灯影的密流里冲着撞；又何况久沉沦的她们，又何况漂泊惯的我们俩。当时浅浅的醉，今朝空空的惆怅；老实说，咱们萍泛的绮思不过如此而已，至多也不过如此而已。你且别讲，你且别想！这无非是梦中的电光，这无非是无明的幻相，这无非是以零星的火种微炎在大欲的根苗上。扮戏的咱们，散了场一个样，然而，上场锣，下场锣，天天忙，人人忙。看！吓！载送女郎的艇子才过去，货郎担的小船不是又来了？一盏小煤油灯，一舱的什物，他也忙得来像手里的摇铃，这样丁冬而郎当。

杨枝绿影下有条华灯璀璨的彩舫在那边停泊。我们那船不禁也依傍短柳的腰肢，欹侧地歇了。游客们的大船，歌女们的艇子，靠着。唱的拉着嗓子；听的歪着头；斜着眼，有的甚至于跳过她们的船头。如那时有严重些的声音，必然说："这哪里是什么旖旎风光！"咱们真是不知道，只模糊地觉着在秦淮河船上板起方正的脸是怪不好意思的。咱们本是在旅馆里，为什么不早早入睡，掂着牙儿，领略那"卧后清宵细细长"；而偏这样急急忙忙跑到河上来无聊浪荡？

还说那时的话，从杨柳枝的乱鬓里所得的境界，照规矩，外带三分风华的。况且今宵此地，动荡着有灯火的明姿。况且今宵此地，又是圆月欲缺未缺，欲上未上的黄昏时候。叮当的小锣，伊轧的胡琴，沉填的大鼓……弦吹声腾沸遍了三里的秦淮河。喳喳嚷嚷的一片，分不出谁是谁，分不出哪儿是哪儿，只有整个的繁喧来把我们包填。仿佛都抢着说笑，这儿夜夜尽是如此的，不过初上城的乡下佬是第一次呢。真是乡下人，真是第一次。

穿花蝴蝶样的小艇子多到不和我们相干。货郎担式的船，曾以一瓶汽水之故而拢近来，这是真的。至于她们呢，即使偶然灯影相偎而切掠过去，也无非瞧见我们微红的脸罢了，不见得有什么别的。可是，夸口早哩！——来了，竟向我们来了！不但是近，且拢着了。船头傍着，船尾也傍着；这不但是拢着，且并着了。厮并着倒还不很要紧，且有人扑冬地跨上我们的船头了。这岂不大吃一惊！幸而来的不是姑娘们，还好。（她们正冷冰冰地在那船头上。）来人年纪并不大，神气倒怪狡猾，把一扣破烂的手折，摊在我们眼前，让细瞧那些戏目，好好儿点个唱。他说："先生，这是小意思。"诸君，读者，怎么办？

好，自命为超然派的来看榜样！两船挨着，灯光愈皎，见佩弦的脸又红起来了。那时的我是否也这样？这当转问他。（我希望我的镜子不要过于给我下不去。）老是红着脸终久不能打发人家走路的，所以想个法子在当时是很必要。说来也好笑，我的老调是一味的默，或干脆说个"不"，或者摇摇头，摆摆手表示"决不"。如今都已使尽了。佩弦便进了一步，他嫌我的方术太冷漠了，又未必中用，摆脱纠缠的正当道路惟有辩解。好吗！听他说："你不知道？这事我们是不能做的。"这是诸辩解中最简洁，最漂亮的一个。可惜他所说的"不知道"来人倒真有些"不知道"！辜负了这二十分聪明的反语。他想得有理由，你们为什么不能做这事呢？因这"为什么"，佩弦又有进一层的曲解。那知道更坏事，竟只博得那些船上人的一哂而去。他们平常虽不以聪明名家，但今晚却又怪聪明，如洞彻我们的肺肝一样的。这故事即我情愿讲给诸君听，怕有人未必愿意哩。"算了罢，就是这样算了罢"，恕我不再写下了，以外的让他自己说。

叙述只是如此，其实那时连翩而来的，我记得至少也有三五次。我们把它们一个一个的打发走路。但走的是走了，来的还正来。我们可以使它们走，我们不能禁止它们来。我们虽不轻被摇撼，但已有一点机阻了。况且小艇上总载去一半的失望和一半的轻蔑，在桨声里仿佛狠狠地说："都是呆子，都是吝啬鬼！"还有我们的船家（姑娘们卖个唱，他可以赚几个子的佣金）。眼看她们一个一个的去远了，呆呆的蹲踞着，怪无聊赖似的。碰着了这种外缘，无怒亦无哀，惟有一种情意的紧张，使我们从颓弛中体会出挣扎来。这味道倒许很真切的，只恐怕不易为倦鸦似的人们所喜。

曾游过秦淮河的到底乖些。佩弦告船家："我们多给你酒钱，把船摇开，别让他们来嗦。"自此以后，桨声复响，还我以平静了，我们俩又渐渐无拘无束舒服起来，又滔滔不断地来谈谈方才的经过。今儿是算怎么一回事？我们齐声说，欲的胎动无可疑的。正如水见波痕轻婉已极，与未波时究不相类。微醉的我们，洪醉的他们，深浅虽不同，却同为一醉。接着来了第二问，既自认有欲的微炎，为什么艇子来时又羞涩地躲了呢？在这儿，答语参差着。佩弦说他的是一种暗昧的道德意味，我说是一种似较深沉的眷爱。我只背诵岂君的几句诗给佩弦听，望他曲喻我的心胸。可恨他今天似乎有些发钝，反而追着问我。

前面已是复成桥。青溪之东，暗碧的树梢上面微耀着一桁的清光。我们的船就缚在枯柳桩边待月。其时河心里晃荡着的，河岸头歇泊着的各式灯船，望去，少说点也有十廿来只。惟不觉繁喧，只添我们以幽甜。虽同是灯船，虽同是秦淮，虽同是我们；却是灯影淡了，河水静了，我们倦了，——况且月儿将上了。灯影里的昏黄，和月下灯影里的昏黄原是不相似的，又何况入倦的眼中所见的昏黄呢。灯光所以映她的姿，月华所以洗她的秀骨，以蓬腾的心焰跳舞，她的盛年，以涩的眼波供养她的迟暮。必如此，才会有圆足的醉，圆足的恋，圆足的颓弛，成熟了我们的心田。

犹未下弦，一丸鹅蛋似的月，被纤柔的云丝们簇拥上了一碧的遥天。冉冉地行来，冷冷地照着秦淮。我们已打桨而徐归了。归途的感念，这一个黄昏里，心和境的交萦互染，其繁密殊超我们的言说。主心主物的哲思，依我外行人看，实在把事情说得太嫌简单，太嫌容易，太嫌分明了。实有的只是浑然之感。就论这一次秦淮夜泛罢，从来处来，从去处去，分析其间的成因自然亦是可能；不过求得圆满足尽的解析，使片段的因子们合拢来代替刹那间所体验的实有，这个我觉得有点不可能，至

少于现在的我们是如此的。凡上所叙，请读者们只看作我归来后，回忆中所偶然留下的千百分之一二，微薄的残影。若所谓"当时之感"，我决不敢望诸君能在此中窥得。即我自己虽正在这儿执笔构思，实在也无从重新体验出那时的情景。说老实话，我所有的只是忆。我告诸君的只是忆中的秦淮夜泛。至于说到那"当时之感"，这应当去请教当时的我。而他久飞升了，无所存在。

凉月凉风之下，我们背着秦淮河走去，悄默是当然的事了。如回头，河中的繁灯想定是依然。我们却早已走得远，"灯火未阑人散"；佩弦，诸君，我记得这就是在南京四日的酣嬉，将分手时的前夜。

（俞平伯）

野　渡

　　　　午后昼静时光，溶溶的河流催眠似的低吟浅唱，远处间或有些鸡声虫声。

你可曾到过浙东的水村？——那是一种水晶似的境界。

村外照例傍着个明镜般的湖泊，一片烟波接着远天。跑进村子，广场上满张渔网，划船大串列队般泊在岸边。小河从容向全村各处流去，左右萦回，彩带似的打着花结，把一个村子分成许多岛屿。如果爬到山上鸟瞰一下，恰像是田田的荷叶。——这种地理形势，乡间有个"荷叶地"的专门名词。从这片叶到那片叶，往来交通自非得借重桥梁了，但造了石桥，等于在荷叶上钉了铁链，难免破坏风水；因此满村架的都是活动的板桥，在较阔的河面，便利用船只过渡。

渡头或在崖边山脚，或在平畴野岸，邻近很少人家，系舟处却总有一所古陋的小屋临流独立。——是"揉渡"那必系路亭，是"摇渡"那就许是船夫的住所。

午后昼静时光，溶溶的河流催眠似的低吟浅唱，远处间或有些鸡声虫声。山脚边忽传来一串俚歌，接着树林里闪出一个人影，也许带着包裹雨伞，挑一点竹笼担子，且行且唱，到路亭里把东西一放，就蹲在渡头，向水里捞起系在船上的"揉渡"绳子，一把一把将那魁星斗似的四方渡船，从对岸缓缓揉过，靠岸之后，从容取回物件，跳到船上，再拉着绳子连船带人曳向对岸。或者另一种"摆渡"所在，荒径之间，远远来了个外方行客，惯走江湖的人物，站到河边，扬起喉咙叫道：

"摆渡呀！"

四野悄然，把这声音衬出一点原始的寂寞。接着对岸不久就发出橹声，一只小船咿咿呀呀地摇过来了。

摇渡船的仿佛多是老人，白须白发在水上来去，看来极其潇洒，使人想到秋江的白鹭。他们是从年轻时就做起，还是老去的英雄，游遍江湖，破过运命的罗网，而终为时光所败北，遂不管晴雨风雪，终年来这河畔为世人渡引的呢？有一时机我曾谛视一个渡船老人的生活，而他却像是极其冷漠的人。

这老人有家，有比他年轻的妻，有儿子媳妇，全家就住在渡头的小庙里。生活虽未免简单，暮境似不算荒凉；但他除了为年月所刻成的皱纹，脸上还永远挂着严霜似的寒意。他平时少在船上，总是到有人叫渡时才上船，平常绝少说话，有时来个村中少年，性情急躁，叫声高昂迫促一点，下船时就得听老人喃喃的责骂。

老人生活所需，似乎由村中大族祠堂所供给，所以村人过渡的照例不必有钱。有些每天必得从渡头往返的，便到年终节尾，酬谢他一些米麦糕饼。客帮行脚小贩，却总不欠那份出门人的谦和礼数，到岸时含笑谢过，还掏出一二银子，琅一声，丢到船肚，然后挑起担子，摇着鼓儿走去。老人也不答话，看看这边无人过渡，便又寂寞地把船摇回去了。

每天上午是渡头最热闹的时候，太阳刚升起不久，照着翠色的山崖和远岸，河上正散着氤氲的雾气，赶市的村人陆续结伴而来了，人多时

俨然成为行列，让老人来来回回地将他们载向对岸；太阳将直时从市上回村，老人就又须忙着把他们接回。

一到午后，老人就大抵躲进小庙，或在庙前坐着默然吸他的旱烟，哲人似的许久望着远天和款款的流水。

天晚了，夕阳影里，又有三五人影移来，寂寞而空洞地叫道：

"摆渡呀！"

那大抵是从市上溜达了回来的闲人，到了船上，还刺刺地谈着小茶馆里听来的新闻，夹带着评长论短，讲到得意处，清脆的笑声便从水上飞起。但老人总是沉默着，咿咿呀呀地摇他的渡船，仿佛不愿意听这些庸俗的世事。

一般渡头的光景，总使我十分动心。到路亭闲坐一刻，岸边徘徊一阵，看看那点简单的人事，觉得总不缺乏值得咀嚼的地方。老人的沉默使我喜欢，而他的冷漠却引起我的思索。岂以为去来两岸的河上生涯，未免过于拘束，遂令那一份渡引世人的庄严的工作，也觉得对他过于屈辱了吗？

（柯灵）

囚绿记

有一天，得重和它们见面的时候，会和我面生么？

这是去年夏间的事情。

我住在北平的一家公寓里。我占据着高广不过一丈的小房间，砖铺的潮湿的地面，纸糊的墙壁和天花板，两扇木格子嵌玻璃的窗，窗上有很灵巧的纸卷帘，这在南方是少见的。

窗是朝东的。北方的夏季天亮得快，早晨五点钟左右太阳便照进我的小屋，把可畏的光线射个满室，直到十一点半才退出，令人感到炎热。这公寓里还有几间空房子，我原有选择的自由的，但我终于选定了这朝东房间，我怀着喜悦而满足的心情占有它，那是有一个小小理由。

这房间靠南的墙壁上，有一个小圆窗，直径一尺左右。窗是圆的，却嵌着一块六角形的玻璃，并且左下角是打碎了，留下一个大孔隙，手可以随意伸进伸出。圆窗外面长着常春藤。当太阳照过它繁密的枝叶，透到我房里来的时候，便有一片绿影。我便是欢喜这片绿影才选定这房间的。当公寓里的伙计替我提了随身小提箱，领我到这房间来的时候，我瞥见这绿影，感觉到一种喜悦，便毫不犹疑地决定下来，这样了截爽直使公寓里伙计都惊奇了。

绿色是多宝贵的啊！它是生命，它是希望，它是慰安，它是快乐。我怀念着绿色把我的心等焦了。我欢喜看水白，我欢喜看草绿。我疲累于灰暗的都市的天空和黄漠的平原，我怀念着绿色，如同涸辙的鱼盼等着雨水！我急不暇择的心情即使一枝之绿也视同至宝。当我在这小房中安顿下来，我移徙小台子到圆窗下，让我的面朝墙壁和小窗。门虽是常开着，可没人来打扰我，因为在这古城中我是孤独而陌生。但我并不感到狐独。我忘记了困倦的旅程和已往的许多不快的记忆。我望着这小圆洞，绿叶和我对语。我了解自然无声的语言，正如它了解我的语言一样。

我快活地坐在我的窗前。度过了一个月，两个月，我留恋于这片绿色。我开始了解渡越沙漠者望见绿洲的欢喜，我开始了解航海的冒险家望见海面飘来花草的茎叶的欢喜。人是在自然中生长的，绿是自然的颜色。

我天天望着窗口常春藤的生长。看它怎样伸开柔软的卷须，攀住一根缘引它的绳索，或一茎枯枝；看它怎样舒开折叠着的嫩叶，渐渐变青，渐渐变老，我细细观赏它纤细的脉络，嫩芽，我以揠苗助长的心情，巴不得它长得快，长得茂绿。下雨的时候，我爱它淅沥的声音，婆娑的摆舞。

忽然有一种自私的念头触动了我。我从破碎的窗口伸出手去，把两枝浆液丰富的柔条牵进我的屋子里来，教它伸长到我的书案上，让绿色和我更接近，更亲密。我拿绿色来装饰我这简陋的房间，装饰我过于抑郁

的心情。我要借绿色来比喻葱茏的爱和幸福，我要借绿色来比喻猗郁的年华。我囚住这绿色如同幽囚一只小鸟，要它为我作无声的歌唱。

绿的枝条悬垂在我的案前了，它依旧伸长，依旧攀缘，依旧舒放，并且比在外边长得更快。我好像发现了一种"生的欢喜"，超过了任何种的喜悦。从前我有个时候，住在乡间的一所草屋里，地面是新铺的泥土，未除净的草根在我的床下苦出嫩绿的芽苗，蕈菌在地角上生长，我不忍加以剪除。后来一个友人一边说一边笑，替我拔去这些野草，我心里还引为可惜，倒怪他多事似的。

可是每天早晨，我起来观看这被幽囚的"绿友"时，它的尖端总朝着窗外的方向。甚至于一枚细叶，一茎卷须，都朝原来的方向。植物是多固执啊！它不了解我对它的爱抚，我对它的善意。我为了这永远向着阳光生长的植物不快，因为它损害了我的自尊心。可是我囚系住它，仍旧让柔弱的枝叶垂在我的案前。

它渐渐失去了青苍的颜色，变得柔绿，变成嫩黄；枝条变成细瘦，变成娇弱，好像病了的孩子。我渐渐不能原谅我自己的过失，把天空底下的植物移锁到暗黑的室内；我渐渐为这病损的枝叶可怜，虽则我恼怒它的固执，无亲热，我仍旧不放走它。魔念在我心中生长了。

我原是打算七月尾就回南方去的。我计算着我的归期，计算这"绿囚"出牢的日子。在我离开的时候，便是它恢复自由的时候。

卢沟桥事件发生了。担心我的朋友电催我赶速南归。我不得不变更我的计划，在七月中旬，不能再留连于烽烟四逼中的旧都，火车已经断了数天，我每日须得留心开车的消息。终于在一天早晨候到了。临行时我珍重地开释了这永不屈服于黑暗的囚人。我把瘦黄的枝叶放在原来的位置上，向它致诚意的祝福，愿它繁茂苍绿。

离开北平一年了。我怀念着我的圆窗和绿友。有一天，得重和它们见面的时候，会和我面生么？

（陆蠡）

有人问起我的家

"但对故乡，是不由心中选择，只能爱的。"

有时我收到陌生者的来信，对我投下了亲切的感想和探问。

而想使我感到一种内心的悸痛的，是一个漂流在异地的一个年轻的孩子的狂热的来信，他的热情，照见了我中学时代的追求和梦想，唤起了我对故乡的不可摆脱的迷恋，使我感受到人类心灵交感中的热爱，而最使我痛苦的，是他问起了我的家"是在东北角上的哪一点"？

在我答复他的信里，我却把这个问题轻轻略去，没有提起。

要我说我的家乡，是很困难的。我不怕小鬼子的特务机关会采访出我的尚滞留在失去的地面上的亲爱的人，因为我的供状而使他们受到了株连（并不是为了英雄）。虽然他们的王道就是这么样神经衰弱的，初不用其怀疑。

使我最大的不情愿，是故乡在我的眼里给我安放下痛苦的记忆。我每一想起它，就在我面前浮出了一片"悲惨的世界"。当然在别处我看到浓度比它更重，花样比它们更显赫的可怕的悲痛与丑恶。但是，请原谅，那是我的降生地。它们是我第一次看见的人间的物事。

倘能逃避痛苦，我敢以生命打赌，我绝不愿意和痛苦为邻的。所以我也需要忘却。

我的家的所在地，你在地图上可以找到。

翻开地图，你可以看见"科尔沁左翼后旗"，"科尔沁左翼前旗"，"科尔沁右翼后旗"，"科尔沁右翼前旗"。

那上面就有我的所谓的"家"的存在。

倘若你翻的是《申报》五十周年纪念图，那么你会惊奇怎么地球上会有这么一片可爱的娇绿，说它不是海，你会摇头的。然而这就是土地，而且是曾经失去了的。

我生长的村子，叫做"鹭树"。在我出生一个月光景，就在一个狂风暴雨的晚上，在我母亲的乳房下，坐着颠簸的大车，渡过了滚滚黑泥，突过了土匪的袭击，逃到了城里。从那之后，我没有见过"鹭树"。

我们便卜居在城里，那城是并不怎么"秀丽"的。

我看见白薇女士写的《我的家乡》，她以婉约的感觉，写出那人间美丽的回忆，……倘我和她相识，我一定去到她的家乡跑上一圈，尤其是她们的古老的宅第。

可惜的是我的家乡是在那荒凉的关外呀，它不会有江南的旖旎，你只好堵上耳朵，任凭它去"唱大江东去"罢。

虽然不是那么的二十七八岁的娇媚的小姑娘，"但对故乡，是不由心中选择，只能爱的。"

虽然在不久以前，屯住在西北的东北的健儿们，想起故园的河水，屋宇，先人的坟，嫩弱的妻女……喊出了"打回老家去！"的呼声。而马上就接到了高级长官的训话："当军人的是不该想家的，想家就是罪恶。"

我是没有那么飘然的襟怀的，也不那么有出息，我是牢牢的纪念着我的家乡，尤其是失眠之夜。

在过去，我是从不想家的。小时候我看过了爱罗先珂的《狭的笼》之后，我就把"家"看成封建的枷锁，总想一斧头，将它捣翻。现在好了，用不着我来捣，我的家已经在饥饿线上拉成了五段。从江南到东北，倘若我想把我的家人看望完全，我要在这五千里的途程之中停留五段，而那最后的一段，我依然不能看见。（假使你能知道我的家只有几个人的时候，你会感觉到契诃夫所写出的含泪的微笑了。）因为在九一八之后，我提着脑袋去看了他们一次，又提着脑袋回来之后，我的智慧，告诉我，还是顺从母亲一次吧，母亲的头发全白了。

说故乡带给我以痛苦，那是由于人事，倘然单单专指风景，那也是美的。

我家住的街叫"杏树园子胡同"，要在四月光景，向外望去，满眼都是杏

花，梨花，樱桃花。虽然说以杏树著名，但是我却不喜欢那儿产出的杏，上至"桃核大杏"，下至"羊巴巴蛋杏"，我都不喜欢。我喜欢的，却是那柔若无骨的"香水梨"，那可爱的梨呀。贝多芬说："为了真理，一个王国也不换。"但是要是为了那梨呀，两个王国我也换，我要换的。但是如今，我们的主人，赔去了五个王国，我却不许吃那里的梨。

香水梨。

我对你含着情人的怀恋。

我只要再吃你一次。

在我家的西边是西河沟。那里的风景曾在我的第一个长篇里被描写过，那完全是真实的。北边是僧格林沁的祠堂，有几百株白杨在萧萧地响着。东边有老爷岭遥遥在望，可以使人幻化出千奇百怪的梦想。

西河沟对我的宝爱是无限的。那地方没有人，樵夫不会和你碰头的，他只能用斧斤声和你谈话。打雀的嘯子你也不会听见了，因为"小满"压根儿过了。那地方，我常常去的，有一次，一本《呐喊》，也是躺在那一棵倒在水面的树上看完的。我还记得那树面和流水相吻的地方，长出白酥酥的须根，用手抹抹，并不那么容易掉的，有时也有小鱼偷着啄一下，又掉头跑了。

听着小鸟的溜鸣，我能在那里留恋上四五个钟头。倘若能不吃饭，我就不走。有一次我用手在水里留住了一条小鱼，我就在泉眼里洗净了它，（那泉眼有时会在冰点下二十度，）将它生吞了，真是原始人的喜悦。

我虽酷爱自然，但我却更爱那第二自然的。有人说我把自然给神化了，其实是过虑的（我自信没有这大法力）。"海在笑着"是高尔基有名的句子。但这种描写方法是和我无缘的。我倒另外服膺一个名家的说法。他说："有些神经质的，脑力有微细发展的，情感易于触发的人，具有一种对于自然的特别的观察，对于自然的美的特别的感觉；他们会注意到许多的角度，许多不易把握的微细的部分，而描写出来，有时恰到好处，十分的配适；因此图画的大线条反掩隐过去，或竟无力予以捉摸。对于这般人可以说，他们最容易得到的是最美的香味，他们的话语是芬香的。"他又说："……这是显而易见的，因为人最难的是脱离自我，而潜思自然的现象。"

倘使我能专在风景上用功夫，故乡对我是有福了。可惜是它告诉我更多的人事。

我原是喜欢巴尔扎克更甚于莎士比亚的。

什么时候，我能回到家里去再吃一次那柔若无骨的香水梨。

我的家乡。

（端木蕻）

第四辑　思绪如风

　　很多时候，我们习惯了，
并习惯这某些事、某些人、
某份感情。人生是有痛苦和
快乐组成的，冲突的矛盾组
成了生命全部，便只看个人
的选择，只要快乐大于痛苦
便是。

茶花赋

> 恰巧有一群小孩也来看茶花，一个个仰着鲜红的小脸，甜蜜蜜地笑着，唧唧喳喳叫个不休。

久在异国他乡，有时难免要怀念祖国的。怀念极了，我也曾想：要能画一幅画儿，画出祖国的面貌特色，时刻挂在眼前，有多好。我把这心思去跟一位擅长丹青的同志商量，求她画，她说："这可是个难题，画什么呢？画点零山碎水，一人一物，都不行。再说，颜色也难调，你就是调尽五颜六色，又怎么画得出祖国的面貌？"我想了想，也是，就搁下这桩心思。

今年二月，我从海外回来，一脚踏进昆明，心都醉了。我是北方人，论季节，北方也许正是搅天风雪，水瘦山寒，云南的春天却脚步儿勤，来得快，到处早像催生婆似的正在催动花事。

花事最盛的去处数着西山华庭寺。不到寺门，远远就闻见一股细细的清香，直渗进人的心肺。这是梅花，有红梅、白梅、绿梅，还有朱砂梅，一树一树的，每一树梅花都是一首诗。白玉兰花略微有点儿残，娇黄的迎春却正当时，那一片春色啊，比起滇池的水来不知还要深多少倍。

究其实这还不是最深的春色。且请看那一树，齐着华庭寺的廊檐一般高，油光碧绿的树叶中间托出千百朵重瓣的大花，那样红艳，每朵花都像一团烧得正旺的火焰。这就是有名的茶花。不见茶花，你是不容易懂得"春深似海"这句诗的妙处的。

想看茶花，正是好时候。我游过华庭寺，又冒着星星点点细雨游了一次黑龙潭，这都是看茶花的名胜地方。原以为茶花一定很少见，不想在游历当中，时时望见竹篱茅屋旁边会闪出一枝猩红的花来。听朋友说：

"这不算稀奇。要是在大理，差不多家家户户都养茶花。花期一到，各样品种的花儿争奇斗艳，那才美呢。"

我不觉对着茶花沉吟起来。茶花是美啊。凡是生活中美的事物都是劳动创造的。是谁白天黑夜，积年累月，拿自己的汗水浇着花，像抚育自己儿女一样抚育着花秧，终于培养出这样绝色的好花？应该感谢那为我们美化生活的人。

普之仁就是这样一位能工巧匠，我在翠湖边上会到他。翠湖的茶花多，开得也好，红通通的一大片，简直就是那一段彩云落到湖岸上。普之仁领我穿着茶花走，指点着告诉我这叫大玛瑙，那叫雪狮子；这是蝶翅，那是大紫袍……名目花名多得很。后来他攀着一棵茶树的小干枝说："这叫童子面，花期迟，刚打骨朵，开起来颜色深红，倒是最好看的。"

我就问："古语说：看花容易栽花难——栽培茶花一定也很难吧？"

普之仁答道："不很难，也不容易。茶花这东西有点特性，水壤气候，事事都得细心。又怕风，又怕晒，最喜欢半阴半阳。顶讨厌的是虫子。有一种钻心虫，钻进一条去，花就死了。一年四季，不知得操多少心呢。"

我又问道："一棵茶花活不长吧？"

普之仁说："活的可长啦。华庭寺有棵松子鳞，是明朝的，五百多年了，一开花，能开一千多朵。"

我不觉噢了一声：想不到华庭寺见的那棵茶花来历这样大。

普之仁误会我的意思，赶紧说："你不信么？大理地面还有一棵更老的呢，听老人讲，上千年了，开起花来，满树数不清数，都叫万朵茶。树干子那样粗，几个人都搂不过来。"说着他伸出两臂，做个搂抱的姿势。

我热切地望着他的手，那双手满是茧子，沾着新鲜的泥土。我又望着他的脸，他的眼角刻着很深的皱纹，不必多问他的身世，猜得出他是个曾经忧患的中年人。如果他离开你，走进人丛里去，立刻便消逝了，再也不容易寻到他——他就是这样一个极其普通的劳动者。然而正是这样的人，整月整年，劳心劳力，拿出全部精力培植着花木，美化我们的生活。美就是这样创造出来的。

正在这时，恰巧有一群小孩也来看茶花，一个个仰着鲜红的小脸，甜蜜蜜地笑着，唧唧喳喳叫个不休。

我说："童子面茶花开了。"

普之仁愣了愣，立时省悟过来，笑着说"真的呢，再没有比这种童子面更好看的茶花了。"

一个念头忽然跳进我的脑子，我得到一幅画的构思。如果用最浓最艳的朱红，画一大朵含露乍开的童子面茶花，岂不正可以象征着祖国的面貌？我把这个简单的构思记下来，寄给远在国外的那位丹青能手，也许她肯再斟酌一番，为我画一幅画儿吧。

(杨朔)

花

花比青春，年华易逝，诚是人生千古憾事。

北国早春，山野的杏花先开，那干瘦乌黑的枝条上放出明亮的粉色花朵，生意盎然。但远看那山坡上一簇簇的杏花，白灰灰的一团团，被衬托在灰暗的土石丛中，倒像是癞秃头上的疮疤。花，宜近看不宜远看；树依凭体态之美，才宜于远看。鲜艳的碧桃，远看不过是一堆红色灌木，失其妖娆；牡丹、芍药，远看也不见其丰满华贵之态，只呈点点嫣红了。所以中国传统绘画中画花大都表现折枝花卉，曲尽花瓣转折之柔和，如亲其肌肤，闻其芬芳。

鲜花令人珍惜，由于花期苦短，落花流水春去也，花比青春，年华

易逝，诚是人生千古憾事。为了赋予短暂的花期以恒久的或深远的含义，人们歌颂荷花是出于污泥而不染，兰花为空谷幽香，梅花的香则来自苦寒。其实也正缘于生生灭灭的轮回匆匆，促成了人间的缤纷多彩。新加坡地处赤道，终年酷暑，我同新加坡的友人开玩笑，说你们不分春、夏、秋、冬，便没有风、花、雪、月，便失去文学艺术。新加坡的国花兰花，鲜艳闪亮，终年常开，但似乎难比荷花或梅花由于身世而形成的独特风姿。

人生缺不了花朵，但从未开花的人生当也不少。灰色的、苦涩的人生难于与花联系起来。一路开花的人生也许有过，马嵬坡以前的杨贵妃是否就一直是盛开的花朵，也难说，开花原本是为了结果，花开只一瞬，果实才是恒久的吧，果实本也不可能恒久，所以能恒久，因为它成为种子。桃花易开易落，因结桃子，年年开，千年开。人们自我安慰：人生短，艺术长。艺术之长，当也依靠种子引发新枝，失去肖发性的艺术是不结种子的艺术，也只能像花朵开过一次便消灭。

（吴冠中）

惜春小札

享受青春的美，那才是生命最大的欢乐。

春天是不知不觉来的，她走的时候，也是悄莫声儿地在不知不觉中离去。既不像秋天落下那么多的黄叶，"无边落木萧萧下"，造下满天声势；也不像冬天，一阵烂雪，一阵冻雨，"乍暖还寒时刻，最难将息"，让你久久不能忘怀那份瑟缩，那份冷酷。

春天，平平常常地来，自然而然地去，没有喧哗，没有锣鼓，甚至最早在枝头绽开的桃花、杏花，还有更早一点的梅花、迎春，总是在不经意间，给人们带来惊喜。

哦！春天最早的花！

人们的眼睛闪着亮光，然而，"枝头春意少"，这时连一片叶也没有，空气还十分的冷冽。直到"小径红稀，芳郊绿遍"，已是"风送落红才身过，春风更比路人忙"的暮春天气了。

所以，等你意识到春天的时候，她早就来临了，"中庭月色正清明，无数杨花过无影"；等你发现她离去，已经是"春归何处，寂寞无行路"，杏子树头，绿柳成阴了。

春天总是很短促的，你抓住了，便是属于你的春天；你把握不住，从指缝间漏掉了，那也只好叹一声"春去也"、"遗踪何在"了。

典型的春天，应该在长江以南度过。没有阴霾的天气、泥泞的道路、苍绿的苔痕、淅沥的雨声，能叫春天吗？没有随后的云淡风轻、煦阳照人、莺歌燕舞、花团锦簇，能叫春天吗？只有在雨丝风片、春色迷人的江南，在秧田返青、菜花黄遍的水乡，在牧童短笛、渔歌唱晚的情景之中，那才是杜牧脍炙人口的《清明》诗中的缠绵的春天、撩人的春天、困慵的春天和"一年之计在于春"的春天。

然而，在北方，严格意义的一年四季，春天，是最不明显的，或许也可以说是并不存在的。

"五九六九，沿河插柳"，这是地气已经转暖的南方写照。

而在北方，"七九河开，八九雁来"，河里的冰，才刚刚解冻。有几年，我时常要经过什刹海后海之间，那座小得不能再小的银锭桥，这座桥所以出了名，就是因为汪精卫刺杀摄政王，在桥上扔过两枚炸弹。石桥桥洞的背阴处，冬天的积冰，很厚很厚，冰上残留着肮脏不堪的冬雪。等到它完全融化的日子，春天也差不多过去大半了。

春天里有未褪尽的冬天，这不是什么稀奇的事。

人们管这种天气现象叫做"倒春寒"。于是，本来不典型，不明显的春天，又被冷风苦雨的肃杀景象笼罩。后来，我就不再到银锭桥去了，当然，并不是因为桥底下那些不化的冰。

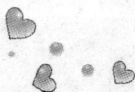

冰总是要化的，不过，北方的春天，太短促，这也真是没有办法的事。

北京的颐和园里，有一座知春亭，是乾隆题的匾额，这位皇帝挺爱写诗，写了上万首，挺爱题词，到处可见他的字。但知春亭的"知春"二字是否如此呢？好像也未必。通常，都是到了"桃花吹尽，佳人何在，门掩残红"的那一会，才在昆明湖的绿水上，垂下几许可怜巴巴的柳枝，令北京人兴奋雀跃不已，大呼春天来了，其实，"归来笑拈梅花嗅，春在枝头已十分"。

承德的避暑山庄里，有一幢烟雨楼。听说，在"文革"期间，有一位当时独一无二的作家，得以在这座楼里写小说，那当然是很了不起的了。不过名为烟雨楼，但至少在春天里，是没有烟雨的。那金碧辉煌的匾额上，我记不得那是不是乾隆的御笔了？但"烟雨"二字，也只是一厢情愿罢了。在高寒地带，只有塞外的干燥风和蒙古吹过来的沙尘，决不会有那"雨横风狂三月暮，门掩黄昏，无计留春住"的烟雨葱茏的风景。

看来，北方的春天，就像朱自清那篇《踪迹》里写的那样，她"匆匆地来了，又匆匆地走了"。

所以，辛弃疾对春天说："春且住，见说道，天涯芳草无归路"，想方设法要留住春天，千万不要让她平白地度过，否则，苏东坡的遗憾，"春色三分，二分尘土，一分流水"，从身旁消逝，该是多么懊悔的事啊！

因此——

捉住春天。

把握春天。

然后，充分地享受春天。

虽然李商隐告诫过："春心莫共花争发，一寸相思一寸灰。"但春天，是唤醒心灵的季节，是情感萌发的季节，也是思绪涌动的季节，更是人的生命力勃兴旺盛的季节。

切莫虚掷时光，切莫浪费春天。

人的生物钟，如果能够耳闻的话，可以相信，在这个季节里，响动的准是黄钟大吕之音、振聋发聩之声。甚至血管里跳动着的激流，也会蕴含着前所未有的力量。此时此刻，若去爱，一定是炽热生死的爱，若是去恨，一定是切齿刻骨的恨，若是去追求，若是去冒险，若是去干一番事业，若是豁出命去拼搏，你会从你的身体里，获得超负荷的"爆破力"。

这种"神来之力"，这种"能量"，就是人类的春天效应。

人的一生，何尝不如此呢？也有其春华秋实的生命过程。那么青春年少的日子，也就是最美好的春天了。

然而，一生中的这个春天，似乎比北方真正的春天还要短促得多。

人，有各式各样的活法，这是每个人的选择。平庸灰色，是一生；碌碌无为，是一生；爱不敢爱，恨不敢恨，也是一生；永远羡慕别人有，永远笑话别人无，永远满足现状，又永远做更好日子的梦，可又永远想不劳而获的小市民吃不饱，也饿不死的日子，当然也是一生。自然，奋斗，是一生；努力，是一生；为了一个目标，孜孜不息地追寻，是一生；热爱生活，热爱自己，泪流过，汗淌过，摔倒过，白忙活过，总之，活得既有快乐，也有痛苦，既有满足，也有遗憾，那当然也是一生。无论怎样的一生，你千万要珍惜你生命中属于春天的那一瞬即逝的岁月。

因为，青春只有一次，一去便不复返。

而且，青春，不会久驻，使你的青春放出光华，享受青春的美，那才是生命最大的欢乐。

等到头发花白，"蜡烛成灰"，一切都成了"昨夜星辰昨夜风"，那时，你后悔也来不及了。

（李国文）

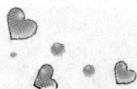

阳关雪

这儿应该有几声胡笳和羌笛的，音色极美，与自然融合，夺人心魄。

中国古代，一为文人，便无足观。文官之显赫，在官而不在文，他们作为文人的一面，在官场也是无足观的。但是事情又很怪异，当峨冠博带早已零落成泥之后，一杆竹管笔偶尔涂划的诗文，竟能镌刻山河，雕镂人心，永不漫漶。

我曾有缘，在黄昏的江船上仰望过白帝城，顶着浓冽的秋霜登临过黄鹤楼，还在一个冬夜摸到了寒山寺。我的周围，人头济济，差不多绝大多数人的心头，都回荡着那几首不必引述的诗。人们来寻景，更来寻诗。这些诗，他们在孩提时代就能背诵。孩子们的想象，诚恳而逼真。因此，这些城，这些楼，这些寺，早在心头自行搭建。待到年长，当他们刚刚意识到有足够脚力的时候，也就给自己负上了一笔沉重的宿债，焦渴地企盼着对诗境实地的踏访。为童年，为历史，为许多无法言传的原因。有时候，这种焦渴，简直就像对失落的故乡的寻找，对离散的亲人的查访。

文人的魔力，竟能把偌大一个世界的生僻角落，变成人人心中的故乡。他们褪色的青衫里，究竟藏着什么法术呢？

今天，我冲着王维的那首《渭城曲》，去寻阳关了。出发前曾在下榻的县城向老者打听，回答是："路又远，也没什么好看的，倒是有一些文人辛辛苦苦找去。"老者抬头看天，又说："这雪一时下不停，别去受这个苦了。"我向他鞠了一躬，转身钻进雪里。

一走出小小的县城，便是沙漠。除了茫茫一片雪白，什么也没有，连一个皱褶也找不到。在别地赶路，总要每一段为自己找一个目标，盯着一棵树，赶过去，然后再盯着一块石头，赶过去。在这里，睁疼了眼也看不见一个目标，哪怕是一片枯叶，一个黑点。于是，只好抬起头来看天。从未见过这样完整的天，一点也没有被吞食，边沿全是挺展展的，紧扎扎地把大地罩了个严实。有这样的地，天才叫天。有这样的天，地才叫地。在这样的天地中独个儿行走，侏儒也变成了巨人。在这样的天地中独个儿行走，巨人也变成了侏儒。

天竟晴了，风也停了，阳光很好。没想到沙漠中的雪化得这样快，才片刻，地上已见斑斑沙底，却不见湿痕。天边渐渐飘出几缕烟迹，并不动，却在加深，疑惑半晌，才发现，那是刚刚化雪的山脊。

地上的凹凸已成了一种令人惊骇的铺陈，只可能有一种理解：那全是远年的坟堆。

这里离县城已经很远，不大会成为城里人的丧葬之地。这些坟堆被风雪所蚀，因年岁而坍，枯瘦萧条，显然从未有人祭扫。它们为什么会有那么多，排列得又是那么密呢？只可能有一种理解：这里是古战场。

我在望不到边际的坟堆中茫然前行，心中浮现出艾略特的《荒原》。这里正是中华历史的荒原：如雨的马蹄，如雷的呐喊，如注的热血。中原慈母的白发，江南春闺的遥望，湖湘稚儿的夜哭。故乡柳阴下的诀别，将军圆睁的怒目，猎猎于朔风中的军旗。随着一阵烟尘，又一阵烟尘，都飘散远去。我相信，死者临亡时都是面向朔北敌阵的；我相信，他们又很想在最后一刻回过头来，给熟悉的土地投注一个目光。于是，他们扭曲地倒下了，化作沙堆一座。

这繁星般的沙堆，不知有没有换来史官们的半行墨迹？史官们把卷帙一片片翻过，于是，这块土地也有了一层层的沉埋。堆积如山的二十五史，写在这个荒原上的篇页还算是比较光彩的，因为这儿毕竟是历代王国的边远地带，长久担负着保卫华夏疆域的使命。所以，这些沙堆还站立得较为自在，这些篇页也还能哗哗作响。就像干寒单调的土地一样，出现在西北边陲的历史命题也比较单纯。在中原内地就不同了，山重水

复、花草掩荫，岁月的迷宫会让最清醒的头脑涨得发昏，晨钟暮鼓的音响总是那样的诡秘和乖戾。那儿，没有这么大大咧咧铺张开的沙堆，一切都在重重美景中发闷，无数不知为何而死的怨魂，只能悲愤懊丧地深潜地底。不像这儿，能够袒露出一帧风干的青史，让我用二十世纪的脚步去匆匆抚摩。

远处已有树影。急步赶去，树下有水流，沙地也有了高低坡斜。登上一个坡，猛一抬头，看见不远的山峰上有荒落的土墩一座，我凭直觉确信，这便是阳关了。

树愈来愈多，开始有房舍出现。这是对的，重要关隘所在，屯扎兵马之地，不能没有这一些。转几个弯，再直上一道沙坡，爬到土墩底下，四处寻找，近旁正有一碑，上刻"阳关古址"四字。

这是一个俯瞰四野的制高点。西北风浩荡万里，直扑而来，踉跄几步，方才站住。脚是站住了，却分明听到自己牙齿打战的声音，鼻子一定是立即冻红了的。呵一口热气到手掌，捂住双耳用力蹦跳几下，才定下心来睁眼。这儿的雪没有化，当然不会化。所谓古址，已经没有什么故迹，只有近处的烽火台还在，这就是刚才在下面看到的土墩。土墩已坍了大半，可以看见一层层泥沙，一层层苇草，苇草飘扬出来，在千年之后的寒风中抖动。眼下是西北的群山，都积着雪，层层叠叠，直伸天际。任何站立在这儿的人，都会感觉到自己是站在大海边的礁石上，那些山，全是冰海冻浪。

王维实在是温厚到了极点。对于这么一个阳关，他的笔底仍然不露凌厉惊骇之色，而只是缠绵淡雅地写道："劝君更尽一杯酒，西出阳关无故人。"他瞟了一眼渭城客舍窗外青青的柳色，看了看友人已打点好的行囊，微笑着举起了酒壶。再来一杯吧，阳关之外，就找不到可以这样对饮畅谈的老朋友了。这杯酒，友人一定是毫不推却，一饮而尽的。

这便是唐人风范。他们多半不会洒泪悲叹，执袂劝阻。他们的目光放得很远，他们的人生道路铺展得很广。告别是经常的，步履是放达的。这种风范，在李白、高适、岑参那里，焕发得越加豪迈。在南北各地的古代造像中，唐人造像一看便可识认，形体那么健美，目光那么平静，神采那么自信。在欧洲看蒙娜丽莎的微笑，你立即就能感受，这种恬然的自信只属于那些真正从中世纪的梦魇中苏醒、对前途挺有把握的艺术家们。唐人造像中的微笑，只会更沉着、更安详。在欧洲，这些艺术家们翻天覆地地闹腾了好一阵子，固执地要把微笑输送进历史的魂魄。谁都能计算，他们的事情发生在唐代之后多少年。而唐代，却没有把它的属于艺术家的自信延续久远。阳关的风雪，竟愈见凄迷。

王维诗画皆称一绝，莱辛等西方哲人反复讨论过的诗与画的界线，在他是可以随脚出入的。但是，长安的宫殿，只为艺术家们开了一个狭小的边门，允许他们以卑怯侍从的身份躬身而入，去制造一点娱乐。历史老人凛然肃然，扭过头去，颤巍巍地重又迈向三皇五帝的宗谱。这里，不需要艺术闹出太大的局面，不需要对美有太深的寄托。

于是，九州的画风随之黯然。阳关，再也难于享用温醇的诗句。西出阳关的文人还是有的，只是大多成了谪官逐臣。

即便是土墩、是石城，也受不住这么多叹息的吹拂，阳关坍弛了，坍弛在一个民族的精神疆域中。它终成废墟，终成荒原。身后，沙坟如潮，身前，寒峰如浪。谁也不能想象，这儿，一千多年之前，曾经验证过人生的壮美，艺术情怀的弘广。

这儿应该有几声胡笳和羌笛的，音色极美，与自然融合，夺人心魄。可惜它们后来都成了兵士们心头的哀音。既然一个民族都不忍听闻，它们也就消失在朔风之中。

回去罢，时间已经不早。怕还要下雪。

（余秋雨）

离家时候

　　我听到了她的哭声，也看到了她满面的泪痕……我再也支撑
不住，趴在小桌上放声大哭起来。

　　一九六八年的一个早晨，我要离家了。

　　黎明的光淡淡地笼罩着城东这座古老的院落，残旧的游廊带着大字
报的印痕在晨光中显得黯淡沮丧，正如人的心境。老榆树在院中是一动
不动的静，它是我儿时的伙伴，我在它的身上荡过秋千，捋过榆钱儿，
那粗壮的枝干里收藏了我数不清的童趣和这个家族太多的故事。我抚摸
着树干，默默地向它告别，老树枯干的枝，伞一样地伸张着，似乎在做
着最后的努力，力图把我罩护在无叶的荫庇下。透过稀疏的枝，我看见
了清冷的天空和那弯即将落下的残月。

　　一想到这棵树，这个家，这座城市已不属于我，内心便涌起一阵悲
哀和颤栗。户口是前天注销的，派出所的民警将注销的蓝印平静而冷漠
地朝我的名字盖下去的时候，我脑海里竟是一片空白，不知自己是否存
在着了。盖这样的蓝章，在那个年代对于那个年轻的民警可能已司空见
惯，在当时，居民死亡，地富遭返，知青上山下乡，用的都是同一个蓝
章，没有丝毫区别，小小的章子决定了多少人的命运不得而知，这对上
千万人口的大城市来说实在太正常，太微不足道，然而对我则意味着怀
揣着这张巴掌大的户口卡片要离开生活了十几年的故乡，只身奔向大西
北，奔向那片陌生的土地，在那里扎根。这是命运的安排，除此以外，
我别无选择。

　　启程便在今日。母亲还没有起床，她在自己的房里躺着，其实起与
不起对她已无实际意义，重病在身的她已经双目失明，连白天和晚上也

分不清了。我六岁丧父，母亲系一家庭妇女，除了一颗疼爱儿女的心别无所长。为生计所难，早早白了头，更由于"文革"，亲戚们都断了往来，家中只有我和妹妹与母亲相依为命，艰难度日。还有一个在地质勘探队工作的哥哥，长年在外，也顾不上家。一九六七年的冬天，母亲忽感不适，我陪母亲去医院看病，医生放过母亲却拦住我，他们说我的母亲得了亚急性播散型红斑狼疮，生日已为数不多，一切需早做打算。巨大的打击令我喘不上气来，面色苍白地坐在医院的长椅上，说不出一句话。我努力使自己的眼圈不发红，那种令人窒息的忍耐超出了一个十几岁孩子的承受能力，但我一点办法也没有，在当时的家中，我是老大，我没有任何人可以依赖，甚至于连倾诉的对象也找不到。我心里发颤，迈不动步子，我说："妈，咱们歇一歇。"母亲说："歇歇也好。"她便在我身边坐着，静静地攥着我的手，什么也没问。那情景整个儿颠倒了，好像我是病人，她是家属。

从医院回来的下午，我在胡同口堵住了下学回家的妹妹，把她拉到空旷地方，将实情相告，小孩子一下吓傻了，睁着惊恐的大眼睛，眼巴巴地望着我，竟没有一丝泪花。半天她才回过神来，哇地一声哭起来，大声地问："怎么办哪？姐，咱们怎么办哪？"我也哭了，憋了大半天的泪终于肆无忌惮地流下来……是的，怎么办呢，惟有隐瞒。我告诫妹妹，要哭，在外面哭够，回家再不许掉眼泪。一进家门，妹妹率先强装笑脸，哄着母亲说她得的是风湿，开春就会转好的。我佩服妹妹的干练与早熟，生活将这个十四岁的孩子推到了没有退路的地步，我这一走，更沉重的担子便由她承担了，那稚嫩的肩担得动么！

回到屋里，看见桌上的半杯残茶，一夜工夫，茶水变浓变酽，泛着深重的褐色。堂屋的地上堆放着昨天晚上打好的行李，行李卷和木箱都用粗绳结结实实地捆着，仿佛它们一路要承受多少摔打，经历多少劫难似的。行李是哥哥捆的，家里只有他一个男的，所以这活儿非他莫属。本来，他应随地质队出发去赣南，为了"捆行李"，他特意晚走两天。行李捆得很地道，不愧出自地质队员之手，随着大绳子吃吃地勒紧，他那

为兄为长的一颗心也勒得紧紧的了。妹妹已经起来了，她说今天要送我去车站。我让她别送，她说不。我心里一阵酸涩，想掉泪，脸上却平静地交代由火车站回家的路线，塞给她两毛钱嘱咐她回来一定要坐车，千万别走丢了。我还想让她照顾身患绝症的母亲，话到嘴边却说不出口。把重病的母亲交给一个未成年的孩子，实在太残酷了。

哥哥去推平板三轮车，那也是昨天晚上借好的。他和妹妹把行李一件件往门口的车上抬。我来到母亲床前，站了许久才说："妈，我走了。"母亲动了一下，脸依旧朝墙躺着，没有说话，我想母亲会说点什么，哪怕一声轻轻的啜泣，对我也是莫大的安慰啊……我等着，等着，母亲一直没有声响，我迟迟迈不动脚步，心几乎碎了。听不到母亲的最后嘱咐，我如何走出家门，如何迈开人生的第一步……

哥哥说："走吧，时间来不及了。"被妹妹拖着，我向外走去，出门的时候我最后看了一眼古旧衰老的家，看了一眼母亲躺着的单薄背影，将这一切永远深深印在心底。

走出大门，妹妹悄悄对我说，她刚关门时，母亲让她告诉我：出门在外要好好儿的……我真想跑回去，跪在母亲床前大哭一场。

赶到火车站，天已大亮，哥哥将我的行李搬到车上就走了，说是三轮车的主人要赶着上班，不能耽搁了。下车时，他没拿正眼看我，我看见他的眼圈有些红，大约是不愿让我看见的缘故。

捆行李的绳头由行李架上垂下来，妹妹站在椅子上把它们塞了塞，我看见了外套下面她烂旧的小褂。我对她说："你周三要带妈去医院验血，匣子底下我偷偷压了十块钱，是抓药用的。"妹妹说知道，又说那十块钱昨晚妈让哥哥打在我的行李里了，妈说出门在外，难保不遇上为难的事，总得有个支应才好。我怪她为什么不早说，她说妈不让。"妈还说，让你放心走，别老惦记家。你那不服软的脾气也得改一改，要不吃亏。在那边要多干活，少说话，千万别写什么诗啊的，写东西最容易出事儿，这点是妈最不放心的，让你一定要答应……"我说我记着了，她说这些是妈今天早晨我还没起时就让她告诉我的。我的嗓子哽咽发涩，像堵了一块棉花，半句话也说不出来。知女莫如其母，后来的事实证明了母亲担忧的正确，参加工作只有半年的我，终于因为"诗的问题"被抓了辫子。打入另册以后我才体味到母亲那颗亲子爱子的心，但为时已晚，无法补救了。我至今不写诗，一句也不写，怕的是触动那再不愿提及的伤痛。为此我愧对母亲。

那天，在火车里，由于不断上人，车厢内变得很拥挤，妹妹突然说该给我买两个烧饼，路上当午饭。没容我拦，她已挤出车厢跑上站台。直奔卖烧饼的小车。我从车窗里看她摸了半天，掏出钱来，那钱正是我早晨给她的车钱。我大声阻止她，她没听见。这时车开动了，妹妹抬起头，先是惊愕地朝着移动的车窗观望，继而大叫一声，举着烧饼向我这边狂奔。我听到了她的哭声，也看到了她满面的泪痕……我再也支撑不住，趴在小桌上放声大哭起来。火车载着我和我那毫无掩饰的哭声，驶过卢沟桥，驶过保定，离家越来越远了……

在我离家的当天下午，哥哥去了赣南。半年后，妹妹插队去了陕北。母亲去世了。家乡一别二十七年。

(叶广芩)

写给秋天

> 了解那属于你的，冷然的清醒，超逸的豁达，不变的安闲，和永恒的宁静！

尽管这里是亚热带，但我仍从蓝天白云间读到了你的消息。那蓝天的明净高爽，白云的浅淡悠闲，依约仍有北方那金风乍起，白露初零的神韵。

一向，我欣仰你的安闲明澈，远胜过春天的浮躁喧腾。自从读小学的童年，我就深爱暑假过后，校园中野草深深的那份宁静。夏的尾声已近，你就在极度成熟蓊郁的林木间，怡然的拥有了万物。由那澄明万里的长空，到穗实累累的秋禾，就都在你那飘逸的衣襟下安详的找到了归宿。接着，你用那黄菊、红叶、征雁、秋虫，一样一样的把宇宙点染上含蓄淡雅的秋色；于是木叶由绿而黄，而萧萧的飘落；芦花飞白，枫木染赤，小室中枕簟生凉，再加上三日五日潇潇秋雨，那就连疏林野草间，都是秋声了！

想你一定还记得你伴我度过的那些复杂多变的岁月。那两年，我在那寂寞的村学里，打发凄苦无望的时刻，是你带着哲学家的明悟来了解慰问我深藏在内心的悲凉。你让我领略到寂寥中的宁静，无望时的安闲；于是那许多唐人诗句都在你澄明的智慧引导之下，一一打入我稚弱善感的心扉。是你教会了我怎样去利用寂寞无俚的时刻，发掘出生命的潜能，寻找到迷失的自我。

你一定也还记得，我们为你唱"红叶为他遮烦恼，白云为他掩悲哀"的那两年苍凉的日子。情感上磨折使我们觉察到人生中有多少幻灭、有多少残忍、有多少不忍卒说的悲哀！但是，红叶白云终于为我们冲淡了那胶着沉重的烦恼和忧郁；如今时已过，境早迁，记忆中倒真的只残留着当时和我共患难的那个女孩落寞的素脸。是"白云如粉黛，红叶如胭脂"，还是"粉黛如白云，胭脂如红叶"？那感伤落寞的心情如今早已消散无存！原来一切的悲愁如加以诗情和智慧去涂染，那都成为深沉激动的美丽。你是曾如此有力的启迪了我们，而在我逐渐沉稳的中年，始领悟到你真正的豁达与超然！

你接收了春的绚烂和夏的繁荣；你也接收了春的张狂和夏的任性，你接收了生命们从开始萌生、到稳健成熟，这期间的种种苦恼、挣扎、失望、焦虑、怨忿和哀伤；你也容纳了它们的欢乐、得意、胜利、收获和颂赞。你说：

"生命的过程注定是由激越到安详，由绚烂到平淡。一切情绪上的激荡终会过去，一切彩色喧哗终会消隐。如果你爱生命，你该不怕去体尝。

因为到了这一天，树高千丈，叶落归根，一切终要回返大地，消溶于那一片渺远深沉的棕土。到了这一天，你将携带着丰收的生命的果粒，牢记着它们的苦涩或甘甜，随着那飘坠的黄叶消隐，沉埋在秋的泥土中，去安享生命最后的胜利，去吟唱生命真实的凯歌！

"生命不是虚空，它是如厚重的大地一般的真实而具体。因此，你应在执著的时候执著，沉迷的时候沉迷，清醒的时候清醒。"

如今，在这亚热带的蓝天白云间，我仍读到你智慧的低语。我不但以爱和礼赞的心情来记住生命的欢乐，也同样以爱与礼赞的心情去纪念那几年——生命中难得出现的那向年中的刻骨的悲酸与伤痛！

而今后，我更要以较为冲淡的心情去了解，了解那属于你的，冷然的清醒，超逸的豁达，不变的安闲，和永恒的宁静！

（罗兰）

清洁的精神

> 渐渐我觉得被他们的精神所熏染，心一天天渴望清洁。

这不是一个很多人都可能体验的世界。而且很难举例、论证和顺序叙述。缠绕着自己的思想如同野草，记录也许就只有采用野草的形式——让它蔓延，让它尽情，让它孤单地荣衰。高崖之下，野草般的思想那么饱满又那么闭塞。这是一个瞬间。趁着流矢正在稀疏，下一次火光冲天的喧嚣还没有开始；趁着大地尚能容得下残余的正气，趁着一副末世相中的人们正苦于卖身无术而力量薄弱，应当珍惜这个瞬间。

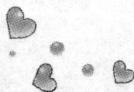

一

关于汉字里的"洁"，人们早已司空见惯、不假思索、不以为然，甚至"清洁可耻、肮脏光荣"的准则正在风靡时髦。洁，今天，好像只有在公共场所，比如在垃圾站或厕所等地方，才能看得见这个字了。

那时在河南登封，在一个名叫王城岗的丘陵上，听着豫剧的调子，每天都眼望着古老的箕山发掘。箕山太古老了，九州的故事都在那座山上起源。夏、商、周，遥远的、几乎不是信史仅是传说的茫茫古代，那时宛如近在眼前又无影无踪，烦恼着我们每个考古队员。一天天地，我们挖着只能称作龙山文化或二里头早期文化的土，心里却盼它属于大禹治水的夏朝。感谢那些辛苦的日子，它们在我的脑中埋下了这个思路，直到今天。

是的，没有今天，我不可能感受什么是古代。由于今天泛滥的不义、庸俗和无耻，我终于迟迟地靠近了一个结论：所谓古代，就是洁与耻尚没有沦灭的时代。箕山之阴，颍水之阳，在厚厚的黄土之下压埋着的，未必是王朝国家的遗址，而是洁与耻的过去。

那是神话般的、惟洁为首的年代。洁，几乎是处在极致，超越界限，不近人情。后来，经过如同司马迁、庄子、淮南子等大师的文学记录以后，不知为什么人们又只赏玩文学的字句而不信任文学的真实——断定它是过分的传说不予置信，而渐渐忘记了它是一个重要的、古中国关于人怎样活着的观点。

今天没有人再这样谈论问题，这样写好像就是落后和保守的记号。但是，四千年的文明史都从那个洁字开篇，我不觉得有任何偏激。

一切都开始在这座低平的、素色的箕山上。一个青年，一个樵夫，一头牛和一道溪水，引来了哺育了我们的这个文明。如今重读《逍遥篇》或者《史记》，古文和逝事都远不可及，都不可思议，都简直无法置信了。

遥远的箕山，渐渐化成了一幢巨影，朦胧而庞大，遮断了我的视野。

山势非常平缓，从山脚拾路慢慢上坡，一阵工夫就可以抵达箕顶。山的顶部宽敞坦平，烟树素淡，悄寂无声。在那荒凉的箕山顶上人觉得凄凉。在冬天的晴空尽头，在那里可以一直眺望到中岳嵩山齿形的远影。遗址都在下面的河边，那低伏的王城岗上。我在那个遗址上挖过很久，但是田野发掘并不能找到清洁的古代。

《史记》注引皇甫谧《高士传》，记载了尧舜禅让时期的一个叫许由的古人。许由因帝尧要以王位相让，便潜入箕山隐姓埋名。然而尧执意让位，追许由不舍。于是，当尧再次寻见许由，求他当九州长时，许由不仅坚辞不从，而且以此为奇耻大辱，他奔至河畔，清洗听脏了的双耳。

时有巢父牵犊欲饮之，见由洗耳，问其故。对曰：尧欲召我为九州长，恶闻其声，是故洗耳。巢父曰：子若处高岸深谷，人道不通，谁能见子？子故浮游，欲闻求其名誉，污吾犊口。牵犊上流饮之。

所谓强中有强，那时是人相竞洁。牵牛的老人听了许由的诉说，不仅没有夸奖反而忿忿不满：你若不是介入那种世界，哪里至于弄脏了耳朵？现在你洗耳不过是另一种沽名钓誉。下游饮牛，上游洗耳，既然你知道自己双耳已污，为什么又来弄脏我的牛口？

毫无疑问，今日中华的有些人正春风得意、稳扎稳打，对下如无尾恶狗般刁悍，对上如无势宦官般谦卑。不论昨天极左、今天极商、明天极右，都永远在正副部司局处科的广阔台阶上攀登的各级官迷以及他们的后备军——小小年纪未老先衰一本正经立志"从政"的小体制派，还有他们的另一翼，partner、搭档——疯狂嘲笑理想、如咀腐肉、高高举着印有无耻两个大字的奸商旗的、所谓海里的泥鳅蛤蜊们，是打死他们也不会相信这个故事的。

但是司马迁亲自去过箕山。

《史记·伯夷传》中记道：

尧让天下于许由，许由不受，耻之逃隐……太史公曰：余登箕山，其上盖有许由冢云。

这座山从那时就同称许由山。但是在我登上箕山顶那次，没有找到

许由的墓。山顶是一个巨大平缓的凹地，低低伸展开去，宛如一个长满荒草的簸箕。这山顶虽宽阔，但没有什么峰尖崖陷，登上山顶一览无余。我和河南博物馆的几个小伙子细细找遍了每一丛蒿草，没有任何遗迹残痕。

当双脚踢缠着高高的茅草时，不觉间我们对古史的这一笔记录认起真来。司马迁的下笔可靠，已经在考古者的铁铲下证实了多次。他真的看见许由墓了吗？我不住地想。

箕山顶已经开始涌上暮色，视野里一阵阵袭来凄凉。天色转暗后我们突然感慨，禁不住地猜测许由的形象，好像在蒿草一下下绊着脚、太阳一分分消隐下沉的时候，那些简赅的史料又被特别细致地咀嚼了一遍。山的四面都无声。暮色中的箕山，以及山麓连结的朦胧四野中，浮动着一种浑浊的哀切。

那时我不知道，就在那一天里我不仅相信了这个古史传说而且企图找寻它。我抱着考古队员式的希望，有一瞬甚至盼望出现奇迹，由我发现许由墓。但箕山顶上不见牛，不见农夫，不见布衣之士刚愎的清高；不仅登封洛阳，不仅豫北晋南的原野，连伸延无限的中原大地，都沉陷在晚暮的沉默中，一动不动，缄口不言。

那天后不久，田野工作收尾，我没能抽空再上箕山。然后，人和心思都远远地飞到了别处，离开河南弹指就是十五年。应该说我没有从浮躁中脱离，我被意气裹挟而去，渐渐淡忘了中原和大禹治水的夏王朝。许由墓对于我来说，确确实实已经湮没无存了。

二

长久以来滋生了一个印象。我一直觉得，在中国的古典中，许由洗耳的例子是极限。品味这个故事，不能不觉得它载道于绝对的描写。它在一个最高的例子上规定洁与污的概念，它把人类可能有过的原始公社禅让时代归纳为山野之民最高洁、王侯上流最卑污的结论。它的原则本身太高傲，这使它与后世的人们之间产生了隔阂。

今天回顾已经为时太晚，它的确已经沦为了箕山的传说。今天无论怎样庄重的文章也难脱调侃。今天的中国人，可能已经没有体会它的心境和教养了。

就这样，时间在流逝着。应该说这些年来，时间在世界上的进程惊心动魄。在它的冲淘下我明白了：文明中有一些最纯的因素，唯它能凝聚起涣散失望的人群，使衰败的民族熬过险关、求得再生。所以，尽管我已经迷恋着我的先烈的信仰和纯朴的集体；尽管我的心意情思早已远离中原三千里外并且不愿还家；但我依然强烈地想起了箕山，还有古史传说的时代。

箕山许由的本质，后来分衍成很多传统。洁的意识被义、信、耻、殉等林立的文化所簇拥，形成了中国文化的精神森林，使中国人长久地自尊而有力。

后来，伟大的《史记·刺客列传》著成，中国的烈士传统得到了文章的提炼，并长久地在中国人的心中矗立起来，直至昨天。

《史记·刺客列传》是中国古代散文之最。它所收录的精神是不可思议、无法言传、美得魅人的。

三

英雄首先出在山东。司马迁在这篇奇文中以鲁人曹沫为开始。

应当说，曹沫是一个用一把刀子战胜了大国霸权的外交家。在他的赢弱的鲁国被强大的齐国欺凌的时候，外交席上，曹沫一把揪住了齐桓公，用尖刀逼他退还侵略鲁国的土地。齐桓公刚刚服了输，曹沫马上扔刀下坛。回到席上，继续前话，若无其事。

今天，我们的体制派们按照他们不知在哪儿受到的教育，大声叫喊曹沫犯规——但在当时，若没有曹沫的过激动作，强权就会压制天下。

意味深长的是，司马迁注明了这些壮士来去的周期。

其后百六十有七年，而吴有专诸之事。

专诸的意味，首先在于他是第一个被记诸史籍的刺客。在这里司马迁的感觉起了决定的作用。司马迁没有因为刺客的卑微而为统治者去取舍。他的一笔，不仅使异端的死者名垂后世，更使自己的著作得到了杀青压卷。

刺，本来仅仅是政治的非常手段，本来只是残酷的战争形式的一种而已。但是在漫长的历史中，它更多地属于正义的弱者；在血腥的人类史中，它常常是弱者在绝境中被迫选择的、唯一可能致胜的决死拼斗。

由于形式的神秘和危险，由于人在行动中爆发出的个性和勇敢，这种行为经常呈现着一种异样的美。事发之日，一把刀子被秘密地烹煮于鱼腹之中。专诸乔装献鱼，进入宴席，掌握着千钧一发，使怨主王僚丧命。鱼肠剑，这仅有一件的奇异兵器，从此成了一个家喻户晓的故事，并且在古代的东方树立一种极端的英雄主义和浪漫主义。

从专诸到他的继承者之间，周期是七十年。

这一次的主角豫让把他前辈的开创发展得惊心动魄。豫让只因为尊重了自己人的惨死，决心选择刺杀的手段。他不仅演出了一场以个人对抗强权的威武话剧，而且提出了一个非常响亮的思想："士为知己者死，女为悦己者容。"

第一次攻击失败以后，他用漆疮烂身体，吞炭弄哑声音，残身苦形，使妻子不识，然后寻找接近怨主赵襄子的时机。

就这样行刺之日到了，豫让的悲愿仍以失败终结。但是被捕的豫让骄傲而有理。他认为："明主不掩人之美，忠臣有死名之义。"在甲兵捆绑的阶下，他堂堂正正地要求名誉，请求赵襄子借衣服让他砍一刀，为他成全。

这是中国古代史上形式和仪式的伟大胜利。连处于反面角色的敌人也表现得高尚。赵襄子脱下了贵族的华服，豫让如同表演胜利者的舞蹈，他拔剑三跃而击之，然后伏剑自杀。

也许这一点最令人费解——他们居然如此追求名誉。

必须说，在名誉的范畴里出现了最大的异化。今日名利之徒的追逐，古代刺客的死名，两者之间的天壤之别的现实，该让人说些什么呢？

周期一时变得短促，四十余年后，一个叫深井里的地方，出现了勇士聂政。

和豫让一样，聂政也是仅仅因为自尊心受到了意外的尊重，就决意为知己者赴死。但聂政其人远比豫让深沉得多。是聂政把"孝"和"情"引入了残酷的行动。当他在社会的底层，受到严仲子的礼遇和委托时，他以母亲的晚年为行动与否的条件。终于母亲以天年逝世了，聂政开始践约。

聂政来到了严仲子处。只是在此时，他才知道了目标是韩国之相侠累。聂政的思想非常彻底。从一开始，他就决定不仅要实现行刺，而且要使事件包括表面都变成自己的，从而保护知己者严仲子。因此他拒绝助手，单身上道。

聂政抵达韩国，接近了目标，仗剑冲上台阶，包括韩国之相侠累在内一连击杀数十人——但是事情还没有完。

在杀场上，聂政"皮面决眼，自屠出肠"，使自己变成了一具无法辨认的尸首。

这里藏着深沉的秘密。本来，两人谋事，一人牺牲，严仲子已经没有危险。像豫让一样，聂政应该有殉义成名的特权。聂政没有必要毁形。

谜底是由聂政的姐姐揭穿的。在那个时代里，不仅人知己，而且姐知弟。聂姊听说韩国出事，猜出是弟弟所为。她仓皇赶到韩，伏在弟弟的遗体上哭喊：这是深井里的聂政！原来聂政一家仅有这一个出了嫁的姐姐，聂政毁容弃名是担忧她受到牵连。聂姊哭道：我怎能因为惧死，而灭了贤弟之名！最后自尽于聂政身旁。

这样的叙述，会被人非议为用现代语叙述古文。但我想重要的是，在一片后庭花的歌声中，中国需要这种声音。对于这一篇价值千金的古典来说，一切今天的叙述都将绝对地因人而异。对于正义的态度，对于世界的看法，人会因品质和血性的不同，导致笔下的分歧。更重要的是，

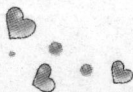

人的精神不能这么简单地烂光丢净。管别人呢，我要用我的篇章反复地为烈士传统招魂，为美的精神制造哪怕是微弱的回声。

二百余年之后，美名震撼世界的英雄荆轲诞生了。

荆轲刺秦王的故事妇孺皆知。但是今天大家都应该重读荆轲。《史记·刺客列传》中的荆轲一节，是古代中国勇敢行为和清洁精神的集大成。那一处处永不磨灭的描写，一代代地感动了哺育了各个时代的中国人。

独自静静读着荆轲的记事，人会忍不住地想：我难道还能如此忍受吗？如此庸庸碌碌的我还能算一个人吗？在关口到来的时候我敢让自己也流哪怕一滴血吗？

易水枯竭，时代变了。

荆轲也曾因不合时尚潮流而苦恼。与文人不能说书，与武士不能论剑。他也曾被逼得性情怪僻，赌博嗜酒，远远地走到社会底层去寻找解脱，结交朋党。他和流落市井的艺人高渐离终日唱和，相乐相泣。他们相交的深沉，以后被惊心动魄地证实了。

荆轲遭逢的是一个大时代。

他被长者田光引荐给了燕国的太子丹。田光按照"三人不能守密、两人谋事一人当殉"的铁的原则，引荐荆轲之后立即自尽。就这样荆轲进入了太子丹邸。

荆轲在行动之前，燕太子每日以车骑美女，恣其所欲。燕太子丹亡国已迫在眉睫，苦苦请荆轲行动。当秦军逼近易水时，荆轲制定了刺杀秦王的周密计划。

至今细细分析这个危险的计划，仍不能不为它的逻辑性和可行性所叹服。关键是"近身"。荆轲为了获得靠近秦王的时机，首先要求以避难燕国的亡命秦将樊於期的首级，然后要求以燕国肥美领土的地图为诱饵，然后以约誓朋党为保证。他全面备战，甚至准备了最好的攻击武器：药淬的徐夫人匕首。

就这样，燕国的人马来到了易水，行动等待着实行。

出发那天出现了一个冲突。由于荆轲队伍动身迟延，燕太子丹产生了怀疑。当他婉言催促时，荆轲震怒了。

这段《刺客列传》上的记载，多少年来没有得到读者的觉察。荆轲和燕国太子在易水上的这次争执，具有着很深的意味。这个记载说明：那天的易水送行，不仅是不欢而散甚至是结仇而别。燕太子只是逼人赴死，只是督战易水；至于荆轲，他此时已经不是为政治，不是为了垂死的贵族拼命；他此时是为了自己，为了诺言，为了表达人格而战斗。此时的他，是为了同时向秦王和燕太子宣布抗议而战斗。

那一天的故事脍炙人口。没有一个中国人不知道那支慷慨的歌。但是我想荆轲的心情是黯淡的。队列尚未出发，已有两人舍命，都是为了他的此行，而且都是为了一句话。田光只因为太子丹嘱咐了一句"愿先生勿泄"，便自杀以守密。樊於期也只因荆轲说了一句"愿得将军之首"便立即献出头颅。在非常时期，人们都表现出了惊人的素质，逼迫着荆轲的水平。

风萧萧兮易水寒，壮士一去兮不复还。荆轲和他的党人高渐离在易水之畔的悲壮唱和，其实藏着无人知晓的深沉含义。所谓易水之别，只在两人之间。这是一对同志的告别和约束，是一个他们私人之间的誓言。直到后日高渐离登场了结他的使命时，人们才体味到这誓言的沉重。

就这样，长久地震撼中国的荆轲刺秦王事件，就作为弱者的正义和烈性的象征，作为一种失败者的最终抵抗形式，被历史确立并且肯定了。

图穷而匕首现，荆轲牺牲了。继荆轲之后高渐离带着今天已经不见了乐器筑，独自地接近了秦王。他被秦王认出是荆轲党人，被熏瞎了眼睛，阶下演奏以供取乐。但是高渐离筑中灌铅，乐器充兵器，艰难地实施了第二次攻击。

不知道高渐离举着筑扑向秦王时，他究竟有过怎样的表情。那时人们议论勇者时，似乎有着特殊的见地和方法。田光向太子丹推荐荆轲时曾阐述说，血勇之人，怒而面赤；脉勇之人，怒而面青；骨勇之人，怒而面白。那时人们把这个问题分析得入骨三分，一直深入到生理上。田光对荆轲的评价是：神勇之人，怒而色不变。

我无法判断高渐离脸上的颜色。

回忆着他们的行迹，我激动，我更怅然若失，我无法表述自己战栗般的感受。

高渐离奏雅乐而行刺的行为，更与燕国太子的事业无关。他的行为，已经完全是一种不屈情感的激扬，是一种民众对权势的不可遏止的蔑视，是一种已经再也寻不回来的、凄绝的美。

四

我们对荆轲故事的最晚近的一次回顾是在狼牙山，八路军的五名勇士如荆轲一去不返，使古代的精神骄傲地得到了继承。有一段时期有不少青年把狼牙山当成圣地。记得那时狼牙山的主峰棋盘砣上，每天都飘扬着好多面红旗，从山脚下的东流水村到陡峭的阎王鼻子的险路上，每天都络绎不绝地攀登着风尘仆仆的中学生。

我自己登过两次狼牙山，两次都是在冬天。那时人们喜欢模仿英雄。伙伴们在顶峰研究地形和当年五勇士的位置，在凛冽的山风呼啸中，让心中充满豪迈的激情。

不用说，无论是刺客故事还是许由故事，都并不使人读了快乐。读后的体会很难言传。暗暗偏爱它们的人会有一些模糊的结论。近年来我常常读它们。没有结论，我只是喜爱读时的感觉。那是一种清冽、干净的感觉。他们栩栩如生。独自面对着他们，我永远地承认自己的低下。但是经常地这样与他们在一起，渐渐我觉得被他们的精神所熏染，心一天天渴望清洁。

是的，是清洁。他们的勇敢，来源于古代的洁的精神。

记不清是什么时候读到的了，有一个故事：舞台上曾出过一个美女，她认为，在暴政之下演出是不洁的，于是退隐多年不演。时间流逝，她衰老了，但正义仍未归来。天下不乏美女。在她坚持清洁的精神的年月里，另一个舞女登台并取代了她。没有人批评那个人粉饰升平和不洁，

也没有人忆起仗义的她。更重要的是，世间公论哪个登台者美。晚年，她哀叹道，我视洁为命，因洁而勇，以洁为美。世论与我不同，天理也与我不同吗？

我想，我们无权让清洁地死去的灵魂湮灭。但她象征的只是无名者，未做背水一战的人，是一个许由式的清洁而无力的人，而聂政、荆轲是完全不同的类型。他们是无力者的安慰，是清洁的暴力，是不义的世界和伦理的讨伐者。

若是那个舞女决心向暴君行刺，又会怎么样呢？

因此没有什么恐怖主义，只有无助的人绝望的战斗。鲁迅一定深深地体会过无助。鲁迅，就是被腐朽的势力，尤其是被他即便死也"一个都不想饶恕"的人们逼得一步步完成自我，并濒临无助的绝境的思想家和艺术家。他创造的怪诞的刺客形象"眉间尺"就成了白骨骷髅，在滚滚的沸水中追咬着仇敌的头——不知算不算恐怖主义。尤其是，在《史记》已经留下了那样不可超越的奇笔之后，鲁迅居然仍不放弃，仍写出了眉间尺。鲁迅做的这件事值得注意。从鲁迅做的这件事中，也许能看见鲁迅思想的犀利、激烈的深处。

许由故事中的底层思想也在发展。几个浑身发散着异端光彩的刺客，都是大时代中地位卑贱的人。他们身上的异彩为王公贵族所不备。国家危亡之际非壮士们无人挺身而出。他们视国耻为不可容忍，把这种耻看成自己私人的、必须以命相抵的奇辱大耻——中国文明中的"耻"的观念就这样强化了，它对一个民族的支撑意义，也许以后会日益清晰。

不用说，在那个大时代中，除了耻的观念外，豪迈的义与信等传统也一并奠基。一诺千金、以命承诺、舍身取义、义不容辞——这些中国文明中的有力的格言，都是经过了志士的鲜血浇灌以后，才如同淬火之后的铁，如同沉水之后的石一样，铸入了中国的精神。

我们的精神，起源于上古时代的"洁"字。

登上中岳嵩山的太室，有一种可以望尽中国的感觉。视野里，整个北方一派迷茫。冬树和野草，毗连的村落还都是那么纯朴。我独自久久地望着，心里鼓漾着充实的心情。昔日因壮举而得名的处处地点都安在，

大地依然如故。包括时间，好像几千年的时间并没有弃我们而去。时间好像一直在静静地守护着这片土地，以及我崇拜的烈士们。我仿佛看见了匆匆离去的许由，仿佛看见了聂政的故乡深井里，仿佛看见了在寒冷冬日的易水之畔，在肃杀的风中唱和相约的荆轲与高渐离。

中国给予我教育的时候，从来都是突兀的。几次突然燃起的熊熊烈火，极大地纠正了我的悲观。是的，我们谁也没有权利对中国妄自菲薄。应当坚信：在大陆上孕育了中国的同时，最高尚的洁意识便同时生根。那是四十个世纪以前播下的高贵种子，它百十年一发，只要显形问世，就一定以骇俗的美久久引起震撼。它并非我们常见的风情事物。我们应该等待这种高洁的勃发。

（张承志）

真实的塑料花

　　爱才是花的灵魂，一朵怎么看都假的塑料花，透过爱，就成为真花，而且永远不凋。

　　我向来不喜欢塑料花，无论它做得多真，我还是觉得假，而且因为以假乱真，愈发惹我讨厌；但是自从六年前，听陈清德说"那个故事"，我对塑料花的印象就改变了，每次看见塑料花，即使那种做得极粗拙的，也会由心底泛起一股暖流，想起逝去多年的陈清德。

　　虽然跟他不是深交，他又远在马来西亚，但是第一次在吉隆坡机场见到他，坐上他的车，就觉得跟他有默契。他跟我一样容易"闪神"，是那种一边开车一边说话，一说话又忘了开车，到双岔路口，突然大叫不好，该走左还是走右，然后几乎撞上分隔岛的人。

他说话有种特殊的语调，好像发抖又不是发抖，可能是气不足，又急着讲造成的；但细细听，又因为他总是提着气说话，用一种急切高亢的情绪来说，所以显得有些激动。偏偏他说的不一定是激动的事，速度又不极快，甚至内容是娓娓道来，那急与徐、高亢与平淡之间就构成了一种特殊的味道。

也可以这么说，陈清德是个非常感性的人，不管多小的事，在他看来都可以很有感触。举个例子，他会去橡胶园里捡橡胶子，然后拿来送我，说："你看，这多漂亮，咖啡色的种子，上面还有银色花纹，好像是铜镶银的。"这还不够，他会连那外面大大的果囊也捡来，一点一点剥开，露出里面的种子，告诉我橡胶子的结构。

他也收集相思豆，有回装了一小袋给我，说是特大的。相思豆我见过不少，但他拿来的果然特别大，而且特别红。我说："好极了，我可以用它来做封面设计，可惜不够多，我要很大一堆才成。"

隔不久，他就托人带了一大包相思豆给我。我吓一跳，也感动得要命，立刻用来拍成《对错都是为了爱》的封面，又不知拿什么回谢，想来想去，决定画张画给他。没料到，在电话里告诉他这个消息，他居然隔了半天，不吭气，好像很犹豫的样子。

"你不要？"我问。

"不是不要，是得要两张，"他说，"因为我有一对双胞胎的女儿，将来结婚，如果只有一张，到底给谁？"我怔了一下，二话不说，画了两张寄去。

陈清德谈到女儿，那语音就愈颤抖了，好像多年不见的女儿远远要扑进他怀里似的。从他的言谈中，我听得出，他这么多年的辛苦、节俭，都是为了这两个宝贝女儿。马来西亚不是个很富裕的国家，黑黑瘦瘦的陈清德，半生致力推广华文教育，他身体不够好，收入也不丰厚，却拼全力，送两个女儿出国念书。记得他去美国参加女儿毕业典礼回来，在电话里对我说："你们美国好美啊！尤其是蒲公英，满地黄色的小花，在大大绿绿的草地上，太美了。怎么我们马来西亚没有蒲公英？""真的吗？"我不信，"只怕是你没注意吧。"

又隔一阵，他果然来信说发现大马也有了蒲公英。我说："不是有了，是早就有。只是以前你太忙、眼镜度数又深，所以没看见，到美国看女儿毕业，高兴了，也有了轻松的心情，所以发现蒲公英。"

从蒲公英、橡胶果和相思豆可以知道，陈清德很爱植物花草，令我惊讶的是，有一回在餐厅，他居然盯着桌上插的塑胶玫瑰花，而且目不转睛，一副十分陶醉的样子。

"这花做得太粗了。"我说。

"是啊，一看就是假花，"他紧盯着它，"可是这假里有真哪。"

看我不懂，他笑笑："你知道吗，现在这里的年轻人也过西洋情人节了。"我点点头。

"去年情人节，有人一早就送了一大把玫瑰花来。女儿已经出门了，我看看上面的卡片，原来是小女儿男朋友送的。于是把那束花放进她房间里，还拿个花瓶，装了水，插着，"他作成捧花的样子，"可是我一面把花放在小女儿床边，一面看见大女儿的床，旁边空空的，没有男朋友送花，觉得好可怜，想她看到妹妹有人送花，一定会很伤心。"他看着我，扮了个鬼脸，"我当时灵机一动，想到柜子里好像存了三枝塑胶的玫瑰花，是以前买生日蛋糕附赠的，就把花找出来，上面积了灰，我还洗干净，又从小女儿男朋友送的那把花里切下一块玻璃纸，把花包起来。正包呢，又想到，糟了！我还有个外甥女跟我同住，她也是大小姐了，也该有人送花，如果看见我两个女儿都有花，就她没有，更会伤心。就再拿了一枝塑料花，包好，绑上丝带。于是，三个女生，每个人都在床边摆了花，我正得意，看见桌子上还有一朵没用的塑料花，也还剩一小块玻璃纸，那花虽然看起来最难看，好像掉了好几片花瓣，但是何必浪费呢，我们家还有一个女人哪。"说到这儿，他又扮个鬼脸，一副老顽童的样子，"于是我为我太太也做了这么一枝花，偷偷放在她的梳妆台上。"

"她喜欢吗？"我试着问，心里好奇极了。

"她没说，"陈清德耸耸肩摊摊手，隔了两秒钟又一笑，"可是情人节过了，小女儿的鲜花凋了，扔进了垃圾桶；大女儿和外甥女的塑料花也不见了，大概也扔了。可是，可是我太太的那枝，虽然不怎么样，她却还留着，而且拿个小瓶插着，放在梳妆台上，一直到今天，都在那儿。"他盯着餐桌上的塑料花，用那颤颤的语调慢慢地说："每次我看见太太坐在梳妆台前，旁边插着那塑料花，都有一种好奇怪的感觉，心想，'你为什么不扔了呢？你为什么不扔了呢？'"他突然不再说话，等了半天，深深吸口气，"现在，我每次看见梳妆台上的花，都想哭，我发现跟她恋爱结婚几十年，她都老了，我却从来没送过一朵花给她，那枝塑料花居然是我给她的第一朵花，她插在那儿，是给她自己一些安慰吧！或许……或许那虽然是朵假花，在她感觉，却是一朵真花啊。"

讲这故事不久，陈清德发现得了肝癌，又没过多长时间，就永远离开了。可是他说的这个故事，总浮上我的脑海，甚至每当我看见塑胶的玫瑰花时，就会想起他。我常想，爱才是花的灵魂，一朵怎么看都假的塑料花，透过爱，就成为真花，而且永远不凋。我也常想，或许陈夫人的梳妆台前，现在还插着那枝逝去丈夫送的无比真实的塑胶玫瑰花。

（刘墉）

思台北，念台北

才幻觉这一切风云雨雾原本是一体，拆也拆不开的。

隐地从台北寄来他的新书《欧游随笔》，并在扉页上写道："尔雅也在厦门街一一三巷，每天，我走您走过的脚步。"一句话，撩起我多少乡愁。龙尾蛇头，接到多少张圣诞卡贺年片，没有一句话更撼动我的心弦。

如果脚步是秋天的落叶，年复一年，季复一季，则最下面的一层该都是我的履印与足音，然后一层层，重重叠叠，旧印之上覆盖着新印，

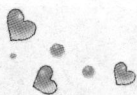

千层下，少年的屐迹车辙，只能在仿佛之间去翻寻。每次回到台北，重踏那条深长的巷子，隐隐，总踏起满巷的回音，那是旧足音醒来，在响应新的足音？厦门街，水源路那一带的弯街斜巷，拭也拭不尽的，是我的脚印和指纹。每一条窄弄都通向记忆，深深的厦门街，是我的回声谷。也无怪隐地走过，难逃我的联想。

那一带的市井街坊，已成为我的"背景"甚至"腹地"。去年夏天在西雅图，和叶珊谈起台湾诗选之滥，令人穷于应付，成了"选灾"。叶珊笑说，这么发展下去，总有一天我该编一本《古亭诗选》，他呢，则要编一本《大安诗选》。其实叶珊在大安区的脚印，寥落可数，他的乡井当然在水之湄，在花莲。他只能算是"半山"的乡下诗人，我，才是城里的诗人。十年一觉扬州梦，醒来时，我已是一位台北人。

当然不止十年了。清明尾，端午头，中秋月后又重九，春去秋来，远方盆地里那一座岛城，算起来，竟已住了二十六年了。这期间，就算减去旅美的五年，来港的两年，也有十九年之久。北起淡水，南迄乌来，半辈子的岁月便在那里边攘攘度过，一任红尘困我，车声震我，限时信、电话和门铃催我促我，一任杜鹃媚我于暮春，莲塘迷我于仲夏，雨季霉我，溽暑蒸我，地震和台风撼我摇我。四分之一的世纪，我眼见台北长高又长大，脚踏车三轮车把大街小巷让给了电单车计程车，半田园风的小省城变成了国际化的现代立体大城市。镜头一转，前文提要一样跳速，台北也惊见我，如何从一个寂寞而迷惘的流亡少年变成大四的学生，少尉编译官，新郎，父亲，然后是留学生，新来的讲师，老去的教授，毁誉交加的诗人，左颊掌声右颊是嘘声。二十六年后，台北恐已不识我，霜发的中年人，正如我也有点近乡情怯，机翼斜斜，海关扰扰，出得松山，迎面那一丛丛陌生的楼影。

曾在那岛上，浅浅的淡水河边，遥听嘉陵江滔滔的水声，曾在芝加哥的楼影下，没遮没拦的密西根湖岸，念江南的草长莺飞，花发蝶忙。乡愁一缕，恒与扬子江东流水竞长。前半生，早如断了的风筝落在海峡的里面，手里兀自牵一缕旧线。每次填表，"永久地址"那一栏总教人

临表踟蹰，好生为难，一若四海之大，天地之宽，竟有一处是稳如磐石，固如根柢，世世代代归于自己，生命深深植于其中，海啸山崩都休想将它拔走似的。面对着天灾人祸，世局无常，竟要填表人肯定说自己的"永久地址"，真是一大幽默，带一点智力测验的意味。尽管如此，表却不能不填。二十世纪原是填表的时代，从出生纸到死亡证书，一个人一辈子要填的表，叠起来不会薄于一部大字典。除非你住在乌托邦，表是非填不可的。于是"永久地址"栏下，我暂且填上"台北市厦门街一一三巷八号"。这一暂且就暂且了二十多年，比起许多永久来，还永久得多。

正如路是人走出来的，地址，也是人住出来的。生而为闽南人，南京人，也曾经自命为半个江南人，四川人，现在，有谁称我为台北人，我一定欣然接受，引以为荣。有那么一座城，多少熟悉的面孔，由你的朋友，你的同学，同事，学生所组成，你的粉笔灰成雨，落湿了多少讲台，你的蓝墨水成渠，灌溉了多少亩报刊杂志。四个女孩都生在那城里，母亲的慈骨埋在近郊，父亲的岳母皆成了常青的乔木，植物一般植根在那条巷里。有那么一座城，锦盒一般珍藏着你半生的脚印和指纹，光荣和愤怒，温柔和伤心，珍藏着你一颗颗一粒粒不朽的记忆。家，便是那么一座城。

把一座陌生的城住成了家，把一个临时地址拥抱成永久地址，我成了想家的台北人，在和中国母体土接壤连的一角小半岛上，隔着南海的青烟蓝水，竟然转头东望，思念的，是 20 多年来餐我以蓬莱的蓬莱岛城。我的阳台向北，当然，也尽多北望的黄昏。奈何公无渡河，从对河来客的口中，听到的种种切切，陌生的，严厉的，迷惑的，伤感的，几已难认后土的慈颜，哎，久已难认，正如贾岛的七绝所言：

客舍并州已十霜，归心日夜忆咸阳。

无端更渡桑乾水，却望并州是故乡。

如果十霜已足成故乡，则我的二十霜啊多情又何逊唐朝一孤僧？

未回台北，忽焉又一年有半了。一小时的飞程，隔水原同比邻，但

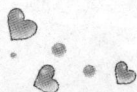

一道海关多重表格横在中间，便感烟波之阔了。愿台北长大长壮但不要长得太快，愿我记忆中的岛城在开路机铲土机的挺进下保留一角半隅的旧区让我循那些曲折而玄秘的窄弄幽巷步入六十年代五十年代。下次见面时，愿相看妩媚如昔，城如此，哎，人亦如此。

祖籍闽南，说来也巧，偌大一座台北城，二十多年来只住过两条闽南风味的小街：同安街和厦门街。同安街只住了两年半，后来的二十四年就一直在厦门街。如果台北是我的"家城"（英文有这种说法），厦门街就是我的"家街"了。这家，是住出来的，也是写出来的。八千多个日子，二十几番夏至和秋分，即便是一片沙漠，也早已住成家了。多少篇诗和散文，多少部书，都是在临巷的那个窗口，披一身重重叠叠深深浅浅的绿荫，吟哦而成。我的作品既在那一带的巷闾孕化而成，那条小街，那些曲巷也不时浮现在我的字里行间，成为现代文学的一个地理名词。萤塘里、网溪里，久已育我以灵感，希望掌管那一带的地灵土仙能知晓，我的灵感也荣耀过他们。厦门街的名字，在我的香港读者之间，也不算陌生。

有意无意之间，在台北，总觉得自己是"城南人"，不但住在城南，工作也在城南。台湾最具规模的三座学府全在城南，甚至南郊；北起丽水街，南迄指南山麓，我的金黄岁月都挥霍在其中。思潮文风，在杜鹃花簇的迷锦炫绣间起伏回荡。当时年少，曾餍过多少稚美的青睐青眼，西去取经，分不清，身是唐吉诃德或唐僧。对我而言，古亭区该是中国文化最高的地区，记忆也最密。即连那"家巷"的左邻右舍，前翁后媪，也在植物一般悠久而迟缓的默契里，相习而相忘，相近相亲。出得巷里，左手是裁缝铺子、理发店、照相馆……闭着眼睛，我可以一家家数过去，梦游一般直数到汀州街口。前年夏天从香港回台北，一天晚上，去巷口那家药行买药。胖胖的老板娘在柜台后面招呼我，还是二十年来那一口潮州国语。不见老板，我问她老板可好。"过身了——今年春天。"说着她眼睛一阵湿，便流下了泪来。我也为之黯然神伤，一时之间，不知怎么安慰才好，默默相对了片刻，也就走开了。回家的路上，我很是感动，心里满溢着温暖的乡情。一问一答之间，那妇人激动的表情，显示她已经把我当成了亲人。二十年来，我是她店里的常客，和她丈夫当然也是稔熟的。我更想起十八年前母亲去世，那时是她问我答，流泪的是我，嗳嚅相慰的是她。久邻为亲，那一切一切，城南人怎会忘记？

对我而言，城北是商业区，新社区，无论它有多繁华，我的台北仍旧在城南。台北是愈长愈高了，长得好快，七十年代八十年代在城的东北，在松山机场那一带喊他。未来的召唤，好多城南人经不起那诱惑，像何凡、林海音那一家，便迁去了城北，一窝蜂一窝鸟似的，住在高高的大公寓里，和下面的世界来往，完全靠按纽。等到高速公路打通，桃园的国际机场建好，大台北无阻的步伐，该又向西方迈进了。

该来的，什么也挡不住。已去的，也无处可招魂。当最后一位按摩女的笛声隐隐，那一夜在巷底消逝，有一个时代便随她去了。留下的是古色的月光，情人，诗人的月光，仍祟着城南那一带的灰瓦屋，矮围墙，弯弯绕绕的斜街窄巷。以南方为名的那些街道——晋江街、韶安街、金华街、云和街、泉州街、潮州街、温州街、青田街，当然，还有厦门街——全都有小巷纵横，奇径暗通，而门牌之纷乱，编号排次之无轨可顾，使人逡巡其间，迷路时惶惑如智穷的白鼠，豁然时又自得如天才的侦探。几乎家家都有围墙，很少巷子能一目了然，巷头固然望不见巷腰，到了巷腰，也往往看不出巷底要通往何处。那一盘盘交缠错综的羊肠迷宫，当时陷身其中，固曾苦于寻寻觅觅，但风晨雨夜，或是奇幻的月光婆娑的树影下走过，也赋给了我多少灵感。于今隔海想来，那些巷子在奥秘中寓有亲切，原是最耐人咀嚼的。黄昏的长巷里，家家围墙飘出的饭香，吟一首民谣在召归途的行人：有什么，比这更令人低回的呢？

最耐人寻味的小巷，是同安街东北行，穿过南昌街后，通向罗斯福路的那一条。长只五六十码，狭处只容两辆脚踏车蠕行相交。上面晾着未干的衣裳，两旁总排着一些脚踏车手推车，晒些家常腌味，最挤处还有些小孩子在嬉游。砖墙石壁半已剥蚀，颓败的纹理伸手可触。近罗斯福路出口处还有个小小的土地祠，简陋可笑的装饰也无损其香火不绝，

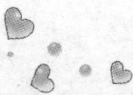

供果长青。那恐怕是世界上最短最窄的一条陋巷了。从师大回家的途中，不记得已蜿穿过几千次了，对于我，那是世界上最滑稽最迷人最市井风的一段街景。电视天线接管了日窄的天空，古台北正在退缩。撼地压来的开路机啊，能绕道而行放过这几座历史的残堡吗？

　　在《蒲公英的岁月》里，曾说过喜欢的是那岛不是那城。台北啊我怎能那样说，对你那样不公平？隔着南中国海的烟波，向香港的电视幕上，收看邻区都市的气象，汉城和东京之后总是台北，是阴是晴是变冷是转热是风前或雨后，都令我特别关心。台风白海上来，将掠台湾而西，扑向厦门和汕头，那气象报告员说，不然便是寒流凛凛自华中南下，气温要普遍下降，明天莫忘多加衣。只有在那一刹那，才幻觉这一切风云雨雾原本是一体，拆也拆不开的。

　　香港有一种常绿的树，黄花长叶，属刺槐科，据说是移植自台湾，叫"台湾相思"。那样美的名字，似乎是为我而取。

（余光中）

五月的北平

　　　好一座富于东方美的大城市呀，他整个儿在战栗！好一座千年文化的结晶呀，他不断地在枯萎！

　　能够代表东方建筑美的城市，在世界上，除了北平，恐怕难找第二处了。描写北平的文字，由国文到外国文，由元代到今日，那是太多了，要把这些文字抄写下来，随便也可以出百万言的专书。现在要说北平，那真是一部廿四史，无从说起。若写北平的人物，就以目前而论，由文艺到科学，由最崇高的学者到雕虫小技的绝世能手，这个城圈子里，也俯拾即是，要一一介绍，也是不可能。北平这个城，特别能吸收有学问、有技巧的人才，宁可在北平为静止得到生活无告的程度，他们也不肯离开。不要名，也不要钱，就是这样穷困着下去。这实在是件怪事。你又叫我写哪一位才让圈子里的人过瘾呢？

　　静的不好写，动的也不好写，现在是五月（旧的历法是四月），我们还是写点五月的眼前景物吧。北平的五月，那是一年里的黄金时代。任何树木，都发生了嫩绿的叶子，处处是绿荫满地。卖芍药花的担子，天天摆在十字街头。洋槐树开着其白如雪的花，在绿叶上一球球的顶着。街，人家院落里，随处可见。柳絮飘着雪花，在冷静的胡同里飞。枣树也开花了，在人家的白粉墙头，送出兰花的香味。北平春季多风，但到五月，风季就过去了（今年春季无风）。市民开始穿起夹衣，在不暖的阳光里走。北平的公园，既多又大。只要你有工夫，花不成其为数目的票价，亦可以在锦天铺地、雕栏玉砌的地方消磨一半天。

　　照着上面所谈，这范围还是太广，像看《四库全书》一样。虽然只成个提要，也觉得应接不暇。让我来缩小范围，只谈一个中人之家吧。北平的房子，大概都是四合院。这个院子，就可以雄视全国建筑。洋楼带花园，这是最令人羡慕的新式住房。可是在北平人看来，那太不算一回事了。北平所谓大宅门，哪家不是七八上下十个院子？哪个院子里不是花果扶疏？这且不谈，就是中产之家，除了大院一个，总还有一两个小院相配合。这些院子里，除了石榴树、金鱼缸，到了春深，家家有由屋里度过寒冬搬出来的花。而院子里的树木，如丁香、西府海棠、藤萝架、葡萄架、垂柳、洋槐、刺槐、枣树、榆树、山桃、珍珠梅、榆叶梅，也都成了人家普通的栽植物，这时，都次第的开过花了。尤其槐树，不分大街小巷，不分何种人家，到处都栽着有。在五月里，你如登景山之巅，对北平城作个鸟瞰，你就看到北平市房全参差在绿海里。这绿海就大部分是槐树造成的。

　　洋槐传到北平，似乎不出五十年。所以这类树，树木虽也有高到五六丈的，都是树干还不十分粗。刺槐却是北平的土产，树兜可以合抱，

而树身高到十丈的，那也很是平常。洋槐是树叶子一绿就开花，正在五月，花是成球的开着，串子不长，远望有些像南方的白绣球。刺槐是七月开花，都是一串串有刺，像藤萝（南方叫紫藤）。不过是白色的而已。洋槐香浓，刺槐不大香，所以五月里草绿油油的季节，洋槐开花，最是凑趣。

　　在一个中等人家，正院子里可能就有一两株槐树，或者是一两株枣树。尤其是城北，枣树逐家都有，这是"早子"的谐音，取一个吉利。在五月里，下过一回雨，槐叶已在院子里着上一片绿荫。白色的洋槐花在绿枝上堆着雪球，太阳照着，非常的好看。枣子花是看不见的，淡绿色，和小叶的颜色同样，而且它又极小，只比芝麻大些，所以随便看不见。可是它那种兰蕙之香，在风停日午的时候，在月明如昼的时候，把满院子都浸润在幽静淡雅的境界。假使这人家有些盆景（必然有），石榴花开着火星样的红点，夹竹桃开着粉红的桃花瓣，在上下皆绿的环境中，这几点红色，娇艳绝伦。北平人又爱随地种草本的花籽，这时大小花秧全都在院子里拔地而出，一寸到几寸长的不等，全表示了欣欣向荣的样子。北平的屋子，对院子的一方，照例下层是土墙，高二三尺，中层是大玻璃窗，玻璃大得像百货店的货窗相等，上层才是花格活窗。桌子靠墙，总是在大玻璃窗下。主人翁若是读书伏案写字，一望玻璃窗外的绿色，映人眉宇，那实在是含有诗情画意的。而且这样的点缀，并不花费主人什么钱的。

　　北平这个地方，实在适宜于绿树的点缀，而绿树能亭亭如盖的，又莫过于槐树。在东西长安街，故宫的黄瓦红墙，配上那一碧千株的槐林，简直就是一幅彩画。在古老的胡同里，四五株高槐，映带着平正的土路，低矮的粉墙。行人很少，在白天就觉得其意幽深，更无论月下了。在宽平的马路上，如南、北池子，如南、北长街，两边槐树整齐划一，连续不断，有三四里之长，远远望去，简直是一条绿街。在古庙门口，红色的墙，半圆的门，几株大槐树在庙外拥立，把低矮的庙整个罩在绿荫下，那情调是肃穆典雅的。在伟大的公署门口，槐树分立在广场两边，好像排列着伟大的仪仗，又加重了几分雄壮之气。太多了，我不能把它一一介绍出来，有人说五月的北平是碧槐的城市，那却是一点没有夸张。

当承平之时，北平人所谓"好年头儿"。在这个日子，也正是故都人士最悠闲舒适的日子。在绿荫满街的当儿，卖芍药花的平头车子整车的花蕾推了过去。卖冷食的担子，在幽静的胡同里叮当作响，敲着冰盏儿，这很表示这里一切的安定与闲静。渤海来的海味，如黄花鱼、对虾，放在冰块上卖，已是别有风趣。又如乳油杨梅、蜜饯樱桃、藤萝饼、玫瑰糕，吃起来还带些诗意。公园里绿叶如盖，三海中水碧如油，随处都是令人享受的地方。但是这一些，我不能、也不愿往下写。现在，这里是邻近炮火边沿，对南方人来说这里是第一线了。北方人吃的面粉，三百多万元一袋；南方人吃的米，卖八万多元一斤。穷人固然是朝不保夕，中产之家虽改吃糙粮度日，也不知道这糙粮允许吃多久。街上的槐树虽然还是碧净如前，但已失去了一切悠闲的点缀。人家院子里，虽是不花钱的庭树，还依然送了绿荫来，这绿荫在人家不是幽丽，乃是凄凄惨惨的象征。谁实为之？孰令致之？我们也就无从问人。《阿房宫赋》前段写得那样富丽，后面接着是一叹："秦人不自哀！"现在的北平人，倒不是不自哀，其如他们哀亦无益何！

好一座富于东方美的大城市呀，他整个儿在战栗！好一座千年文化的结晶呀，他不断地在枯萎！呼吁于上天，上天无言；呼吁于人类，人类摇头。其奈之何！

（张恨水）

说几句爱海的孩气的话

海是动的，山是静的。海是活泼的，山是呆板的。

白发的老医生对我说："可喜你已大好了。城市与你不宜，今夏海滨之行，也是取消了为妙。"

这句话如同平地起了一个焦雷！

学问未必都在书本上。纽约，康桥，芝加哥这些人烟稠密的地方，终身不去也没有什么。只是说不许我到海边去，这却太使我伤心了。

我抬头张目地说："不，你没有阻止我到海边去的意思！"

他笑说："是的，我不愿意你到海边去，太潮湿了，于你新愈的身体没有好处。"

我们争执了半点钟，至终他说："那么你去一个礼拜罢！"他又笑说："其实秋后的湖上，也够你玩的了！"

我爱慰冰，无非也是海的关系。若完全的叫湖光代替了海色，我似乎不大甘心。

可怜，沙穰的六个多月，除了小小的流泉外，连慰冰都看不见！山也是可爱的，但和海比，的确比不起，我有我的理由！

人常常说"海阔天空"。只有在海上的时候，才觉得天空阔远到了尽量处。在山上的时候，走到岩壁中间，有时只见一线天光。即或是到了山顶，而因着天末是山，天与地的界线便起伏不平，不如水平线的齐整。

海是蓝色灰色的。山是黄色绿色的。拿颜色来比，山也比海不过。蓝色灰色含着庄严淡远的意味，黄色绿色却未免浅显小方一些。固然我们常以黄色为至尊，皇帝的龙袍是黄色的，但皇帝称为"天子"，天比皇帝还尊贵，而天却是蓝色的。

海是动的，山是静的。海是活泼的，山是呆板的。昼长人静的时候，天气又热，凝神望着青山，一片黑郁郁的连绵不动，如同病牛一般。而海呢，你看她没有一刻静止！从天边微波粼粼的直卷到岸边，触到崖石，更欣然的溅跃了起来，开了灿然万朵的银花！

四围是大海，与四围是乱山，两者相较，是如何滋味，看古诗便可知道。比如说海上山上看月出，古诗说："南山寒天地，日月石上生。"细细咀嚼，这两句形容乱山，形容得极好，而光景何等臃肿，崎岖，僵冷？读了不使人生快感。而"海上生明月，天涯共此时"也是月出，光景却何等妩媚，遥远，璀璨！

原也是的，海上没有红，白，紫，黄的野花，没有蓝雀、红襟等美丽的小鸟。然而野花到秋冬之间，便都萎谢，反予人以凋落的凄凉。海上的朝霞晚霞，天上水里反映到不止红白紫黄这几个颜色。这一片花，却是四时不断的。说到飞鸟，蓝雀，红襟自然也可爱。而海上的沙鸥，白胸翠羽，轻盈地飘浮在浪花之上，"凌波微步，罗袜生尘"，看见蓝雀，红襟，只使我联忆到"山禽自唤名"。而见海鸥，却使我联忆到千古颂赞美人，颂赞到绝顶的句子，是"婉若游龙，翩若惊鸿"！

在海上又使人有透视的能力，这句话天然是真的！你倚栏俯视，你不由自主地要想起这万顷碧琉璃之下，有什么明珠，什么珊瑚，什么龙女，什么鲛纱。在山上呢，很少使人想到山石黄泉以下，有什么金银铜铁。因为海水透明，天然的有引人们思想往深里去的趋向。

简直越说越没有完了，总而言之，统而言之，我以为海比山强得多，说句极端的话，假如我犯了天条，赐我自杀，我也愿投海，不愿坠崖。

争论真有意思！我对于山和海的品评，小朋友们愈和我辩驳愈好。"人心之不同，各如其面"，这样世界上才有个不同的变换。假如世界上的人都是一样的脸，我必不愿见人。假如天下的人都是一样的嗜好，穿衣服的颜色式样都是一般的，则世界成了一个大学校，男女老幼都穿一样的制服，想至此不但好笑，而且无味！再一说，如大家都爱海呢，大家都搬到海上去，我又不得清静了！

（冰心）

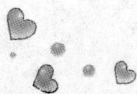

父爱之舟

朦胧中，父亲和母亲在半夜起来给蚕宝宝添桑叶……

是昨夜梦中的经历吧，我刚刚梦醒！

朦胧中，父亲和母亲在半夜起来给蚕宝宝添桑叶……每年卖茧子的时候，我总跟在父亲身后，卖了茧子，父亲便给我买枇杷吃……

我又见到了姑爹那只小渔船。父亲送我离开家乡去投考学校以及上学，总是要借用姑爹这只小渔船。他同姑爹一同摇船送我。带了米在船上做饭，晚上就睡在船上，这样可以节省饭钱和旅店钱。我们不肯轻易上岸，花钱住旅店的教训太深了。有一次，父亲同我住了一间最便宜的小客栈。夜半我被臭虫咬醒，遍体都是被咬的大红疙瘩。父亲心疼极了，叫来茶房，掀开席子让他看满床乱爬的臭虫及我的疙瘩。茶房说没办法，要么加点钱换个较好的房间。父亲动心了，但我年纪虽小却早已深深体会到父亲挣钱的艰难。他平时节省到极点，自己是一分冤枉钱也不肯花的，我反正已被咬了半夜，只剩下后半夜，也就不肯再加钱换房子……恍恍惚惚我又置身于两年一度的庙会中，能去看看这盛大的节日确实无比地快乐，我欢喜极了。我看各样彩排着的戏人边走边唱，看高跷走路，看虾兵、蚌精、牛头、马面……最后庙里的菩萨也被抬出来，一路接受人们的膜拜。卖玩意儿的也不少，彩色的纸风车、布老虎、泥人、竹制的花蛇……父亲回家后用几片玻璃和彩色纸屑等糊了一个万花筒，这便是我童年惟一的也是最珍贵的玩具了。万花筒里那千变万化的图案花样，是我最早的抽象美的启迪者吧！

父亲经常说要我念好书，最好将来到外面当个教员……冬天太冷，同学们手上脚上长了冻疮，有的家里较富裕的女生便带着脚炉来上课，上课时脚踩在脚炉上。大部分同学没有脚炉，一下课便踢毽子取暖。毽子越做越讲究，黑鸡毛、白鸡毛、红鸡毛、芦花鸡毛等各种颜色的毽子满院子飞。后来父亲居然从和桥镇上给我买回来一个皮球，我快活极了，同学们也非常羡慕。夜晚睡觉，我将皮球放在自己的枕头边。但后来皮球瘪了下去，必须到和桥镇上才能打气，我天天盼着父亲上和桥去。一天，父亲突然上和桥去了，但他忘了带皮球。我发觉后拿着瘪皮球追上去，一直追到栋树港，追过了渡船，向南遥望，完全不见父亲的背影。到和桥有十里路，我不敢再追了，哭着回家。我从来不缺课，不逃学。读初小的时候，遇上大雨大雪天，路滑难走，父亲便背着我上学，我背着书包伏在他背上，双手撑起一把结结实实的大黄油布雨伞。他扎紧裤脚，穿一双深筒钉鞋，将棉袍的下半截撩起扎在腰里，腰里那条极长的粉绿色丝绸汗巾可以围腰二三圈，还是母亲出嫁时的陪嫁呢。

初小毕业时，宜兴县举办全县初小毕业会考，我考了总分七十几分，属第二等。我在学校里虽是绝对拔尖的，但到全县范围一比，还远不如人家。要上高小，必须到和桥去念县立鹅山小学。和桥是宜兴的一个大镇，鹅山小学就在镇头，是当年全县最有名气的县立完全小学，设备齐全，教师阵容强，方圆二十里之内的学生都争着来上鹅山。因此要上鹅山高小不容易，须通过入学的竞争考试，我考取了。由于学校离家很远，因此我要住在鹅山，要缴饭费、宿费、学杂费，书本费也贵了，于是家里粜稻，卖猪，每学期开学要凑一笔不小的钱。钱，很紧，但家里愿意将钱都花在我身上。我拿着凑来的钱去缴学费，感到十分心酸。父亲送我到校，替我铺好床被。他回家时，我偷偷哭了。这是我第一次真正心酸地哭，与在家里撒娇地哭、发脾气地哭、吵架打架地哭都大不一样，是人生道路中品尝到的新滋味。

第一学期结束，根据总分，我名列全班第一。我高兴极了，主要是可以给父亲和母亲一个天大的喜讯了。我拿着级任老师孙德如签名盖章，又加盖了县立鹅山小学校章的成绩单回家，路走得比平常快，路上还取出成绩单来重看一遍那紧要的栏目：全班六十人，名列第一。这对父亲

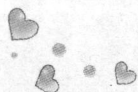

确是意外的喜讯，他接着问："那朱自道呢？"父亲很注意入学时全县会考第一名的朱自道，他知道我同朱自道同班。我得意地、迅速地回答："第十名。"正好缪祖尧老师也在我们家，他也乐开了："茅草窝里要出笋了！"

我惟一的法宝就是考试，从未落过榜，我又要去投考无锡师范了。为了节省路费，父亲又向姑爹借了他家的小渔船，同姑爹两人摇船送我到无锡。时值暑天，为躲避炎热，夜晚便开船，父亲和姑爹轮换摇橹，我在小舱里睡觉。但我也睡不好，因确确实实已意识到考不上的严重性，自然更未能领略到满天星斗、小河里孤舟缓缓夜行的诗画意境。船上备一只泥灶，自己煮饭吃，小船既节省了旅费，又兼做宿店和饭店。只是我们的船不敢停到无锡师范附近，怕被别的考生及家长们见了嘲笑。

老天不负苦心人，我考取了。送我去入学的时候，依旧是那只小船，依旧是姑爹和父亲轮换摇船，不过父亲不摇橹的时候，便抓紧时间为我缝补棉被，因我那长期卧病的母亲未能给我备齐行装。我从舱里往外看，父亲那弯腰低头缝补的背影挡住了我的视线。后来我读到朱自清先生的《背影》时，这个船舱里的背影便也就分外明显，永难磨灭了！不仅是背影时时在我眼前显现，我对鲁迅笔下的乌篷船也永远是那么亲切，虽然姑爹小船上盖的只是破旧的篷，远比不上绍兴的乌篷船精致，但姑爹的小渔船仍然是那么亲切，那么难忘……我什么时候能够用自己手中的笔，把那只载着父爱的小船画出来就好了！

庆贺我考进了颇有名声的无锡师范，父亲在临离无锡回家时，给我买了瓶汽水喝。我以为汽水必定是甜甜的凉水，但喝到口，麻辣麻辣的，太难喝了。店伙计笑了："以后住下来变了城里人，便爱喝了！"然而我至今不爱喝汽水。

师范毕业当个高小的教员，这是父亲对我的最高期望。但师范生等于稀饭生，同学们都这样自我嘲讽。我终于转入了极难考进的浙江大学代办的工业学校电机科，工业救国是大道，至少毕业后职业是有保障的。幸乎？不幸乎？由于一些偶然的客观原因，我接触到了杭州艺专，疯狂地爱上了美术。正值那感情似野马的年龄，为了爱，不听父亲的劝告，不考虑今后的出路，毅然沉浮于茫无边际的艺术苦海，去挣扎吧，去喝一口一口失业和穷困的苦水吧！我不怕，只是不愿父亲和母亲看着儿子落魄潦倒。我羡慕过没有父母、没有人关怀的孤儿、浪子，自己只属于自己，最自由，最勇敢。

　　……醒来，枕边一片湿。

（吴冠）

第五辑　拥抱生活

曾经拥有的不要忘记；已经得到的更加珍惜；属于自己的不要放弃；已经失去的留作回忆；想要得到的一定要努力；累了把心靠岸；选择了就不要后悔；苦了才懂得满足；痛了才享受生活；伤了才明白坚强；总有起风的清晨；总有绚烂的黄昏；总有流星的夜晚。

要生活得写意

　　无知的人更不会去求知，因为要求知，首先得知道自己所求的是什么。

　　跳舞的时候我便跳舞，睡觉的时候我就睡觉。即便我一人在幽美的花园中散步，倘若我的思绪一时转到与散步无关的事物上去，我也会很快将思绪收回，令其想想花园，寻味独处的愉悦，思量一下我自己。天性促使我们为保证自身需要而进行活动，这种活动也就给我们带来愉快。慈母般的天性是顾及这一点的。它推动我们去满足理性与欲望的需要。打破它的规矩就违背情理了。

　　我知道恺撒与亚历山大就在活动最繁忙的时候，仍然充分享受自然的、也就是必需的、正当的生活乐趣。我想指出，这不是要使精神松懈，而是使之增强，因为要让激烈的活动、艰苦的思索服从于日常生活习惯，那是需要有极大的勇气的。他们认为，享受生活乐趣是自己正常的活动，而战事才是非常的活动。他们持这种看法是明智的。我们倒是些大傻瓜。我们说："他一辈子一事无成。"或者说："我今天什么事也没有做……"怎么！您不是生活过来了吗？这不仅是最基本的活动，而且也是我们的诸活动中最有光彩的。"如果我能够处理重大的事情，我本可以表现出我的才能。"您懂得考虑自己的生活，懂得去安排它吗？那您就做了最重要的事情了。天性的表露与发挥作用，无需异常的境遇。它在各个方面乃至在暗中也都表现出来，无异于在不设幕的舞台上一样。

　　我们的责任是调整我们的生活习惯，而不是去编书；是使我们的举止井然有致，而不是去打仗，去扩张领地。我们最豪迈、最光荣的事业

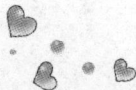

乃是生活得写意，一切其他事情，执政、致富、建造产业，充其量也只不过是这一事业的点缀和从属品。实施这一箴言。从色诺芬的著作中，可知苏格拉底也曾一步步地证明这一点。无论哪一门学问，惟有入其门径的人才会洞察其中的难点和未知领域，因为要具备一定程度的学识才有可能察觉自己的无知。要去尝试开门才知道我们面前的大门尚未开启。柏拉图的一点精辟见解就是由此而来的：有知的人用不着去求知，因为他们已经是有知者；无知的人更不会去求知，因为要求知，首先得知道自己所求的是什么。

因此，在追求自知之明的方面，大家之所以自信不疑，心满意足，自以为精通于此，那是因为：谁也没有真正弄懂什么。正像在色诺芬的书中，苏格拉底对欧迪德姆（Euthydeme）指出的那样。

我自己没有什么奢望。我觉得这一箴言包含着无限深奥、无比丰富的哲理。我愈学愈感到自己还有许多要学的东西。这也就是我的学习成果。我常常感到自己的不足，我生性谦逊的原因就在于此。

阿里斯塔克说："从前全世界仅有七位智者，而当前要找七个自知无知的人也不容易。"今天我们不是比他更有理由这样说吗？自以为是与固执己见是愚蠢的鲜明标志。

我凭自己的切身经验谴责人类的无知。我认为，认识自己的无知是认识世界的最可靠的方法。那些既已看到自己或别人的虚浮的榜样还不愿意承认自己无知的人，就请他们听听苏格拉底的训诫去认识这一点吧。苏格拉底是众师之师。

（蒙田）

热爱生命

"糊涂人的一生枯燥无味，躁动不安，却将全部希望寄托于来世。"

我对某些词语赋予特殊的含义，拿"度日"来说吧，天色不佳，令人不快的时候，我将"度日"看做是"消磨光阴"，而风和日丽的时候，我却不愿意去"度"，这时我是在慢慢赏玩、领略美好的时光。坏日子，要飞快去"度"，好日子，要停下来细细品尝。"度日"、"消磨时光"的常用语令人想起那些"哲人"的习气。他们以为生命的利用不外乎在于将它打发、消磨，并且尽量回避它，无视它的存在，仿佛这是一件苦事、一件贱物似的。至于我，我却认为生命不是这个样的，我觉得它值得称颂，富有乐趣，即便我自己到了垂暮之年也还是如此。我们的生命受到自然的厚赐，它是优越无比的，如果我们觉得不堪生之重压或是白白虚度此生，那也只能怪我们自己。

"糊涂人的一生枯燥无味，躁动不安，却将全部希望寄托于来世。"

不过，我却随时准备告别人生，毫不惋惜。这倒不是因生之艰辛或苦恼所致，而是由于生之本质在于死。因此只有乐于生的人才能真正不感到死之苦恼。享受生活要讲究方法。我比别人多享受到一倍的生活，因为生活乐趣的大小是随我们对生活的关心程度而定的。尤其在此刻，我眼看生命的时光无多，我就愈想增加生命的分量。我想靠迅速抓紧时间，去留住稍纵即逝的日子；我想凭时间的有效利用去弥补狡猾流逝的光阴。剩下的生命愈是短暂，我愈要使之过得丰盈饱满。

（蒙田）

生活在大自然的怀抱里

　　　　正在一个人开始摆脱他的躯壳时，他的视线却被他的躯壳
阻挡得最厉害！

　　为了到花园里看日出，我比太阳起得更早；如果这是一个晴天，我
最殷切的期望是不要有信件或来访扰乱这一天的清宁。我用上午的时间
做各种杂事。每件事都是我乐意完成的，因为这都不是非立即处理不可
的急事，然后我匆忙用膳，为的是躲避那些不受欢迎的来访者，并且使
自己有一个充裕的下午。即使最炎热的日子，在中午一时前我就顶着烈
日带着芳夏特出发了。由于担心不速之客会使我不能脱身，我加紧了步
伐。可是，一旦绕过一个拐角，我觉得自己得救了，就激动而愉快地松
了口气，自言自语说："今天下午我是自己的主宰了！"从此，我迈着平
静的步伐，到树林中去寻觅一个荒野的角落，一个人迹不至因而没有任
何奴役和统治印记的荒野的角落，一个我相信在我之前从未有人到过的
幽静的角落，那儿不会有令人厌恶的第三者跑来横隔在大自然和我之间。
那儿，大自然在我眼前展开一幅永远清新的华丽的图景。金色的燃料木、
紫红的欧石南非常繁茂，给我深刻的印象，使我欣悦；我头上树木的宏
伟、我四周灌木的纤丽、我脚下花草的惊人的纷繁使我目不暇给，不知
道应该观赏还是赞叹；这么多美好的东西争相吸引我的注意力，使我眼
花缭乱，使我在每件东西面前留连，从而助长我懒惰和爱空想的习气，
使我常常想："不，全身辉煌的所罗门也无法同它们当中任何一个相
比。"

　　我的想象不会让如此美好的土地长久渺无人烟。我按自己的意愿在
那儿立即安排了居民，我把舆论、偏见和所有虚假的感情远远驱走，使

那些配享受如此佳境的人迁进这大自然的乐园。我将把他们组成一个亲切的社会，而我相信自己并非其中不相称的成员。我按照自己的喜好建造一个黄金的世纪，并用那些我经历过的给我留下甜美记忆的情景和我的心灵还在憧憬的情境充实这美好的生活，我多么神往人类真正的快乐，如此甜美、如此纯洁、但如今已经远离人类的快乐。甚至每当念及此，我的眼泪就夺眶而出！啊！这个时刻，如果有关巴黎、我的世纪、我这个作家的卑微的虚荣心的念头来扰乱我的遐想，我就怀着无比的轻蔑立即将它们赶走，使我能够专心陶醉于这些充溢我心灵的美妙的感情！然而，在遐想中，我承认，我幻想的虚无有时会突然使我的心灵感到痛苦。甚至即使我所有的梦想变成现实，我也不会感到满足：我还会有新的梦想、新的期望、新的憧憬。我觉得我身上有一种没有什么东西能够填满的无法解释的空虚，有一种虽然我无法阐明、但我感到需要的对某种其他快乐的向往。然而，先生，甚至这种向往也是一种快乐，因为我从而充满一种强烈的感情和一种迷人的感伤——而这都是我不愿意舍弃的东西。

我立即将我的思想从低处升高，转向自然界所有的生命，转向事物普遍的体系，转向主宰一切的不可思议的上帝。此刻我的心灵迷失在大千世界里，我停止思维，我停止冥想，我停止哲学的推理，我怀着快感，感到肩负着宇宙的重压，我陶醉于这些伟大观念的混杂，我喜欢任由我的想像在空间驰骋；我禁锢在生命的疆界内的心灵感到这儿过分狭窄，我在天地间感到窒息，我希望投身到一个无限的世界中去。我相信，如果我能够洞悉大自然所有的奥秘，我也许不会体会这种令人惊异的心醉神迷，而处在一种没有那么甜美的状态里；我的心灵所沉湎的这种出神入化的佳境使我在亢奋激动中有时高声呼唤："啊，伟大的上帝呀！啊，伟大的上帝呀！"但除此之外，我不能讲出也不能思考任何别的东西。遗忘，但他们肯定不会把我忘却；不过，这又有什么关系？反正他们没有任何办法来搅乱我的安宁。摆脱了纷繁的社会生活所形成的种种尘世的情欲，我的灵魂就经常神游于这一氛围之上，提前跟天使们亲切交谈，

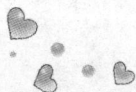

并希望不久就将进入这一行列。我知道，人们将竭力避免把这样一处甘美的退隐之所交还给我，他们早就不愿让我呆在那里。但是他们却阻止不了我每天振想象之翼飞到那里，一连几个小时重尝我住在那里时的喜悦。我还可以做一件更美妙的事，那就是我可以尽情想象。假如我设想我现在就在岛上，我不是同样可以遐想吗？我甚至还可以更进一步，在抽象的、单调的遐想的魅力之外，再添上一些可爱的形象，使得这一遐想更为生动活泼。在我心醉神迷时这些形象所代表的究竟是什么，连我的感官也时常是不甚清楚的；现在遐想越来越深入，它们也就被勾画得越来越清晰了。跟我当年真在那里时相比，我现在时常是更融洽地生活在这些形象之中，心情也更加舒畅。不幸的是，随着想像力的衰退，这些形象也就越来越难以映上脑际，而且也不能长时间地停留。唉！正在一个人开始摆脱他的躯壳时，他的视线却被他的躯壳阻挡得最厉害！

（卢梭）

春日迟迟

　　　　那生意盎然的春天，才是这变动不居的序时之中的最好时节。

　　那翘企已久的芳馥春天，尽管迟来几周，终于还是来了，这一来，古宅的檐苔墙莓，处处一派生机。明媚的春色已经窥入我的书斋，不由人不启窗相迎；一霎间，郁郁寡欢的炉边暖流与那和畅的清风顷刻氤氲一处，几给人以入夏之感。窗扉既已洞开，曾经在淹迟冬月伴我蛰居斗室之内的那一切计数不清的遐思逸想——浸透欢戚乃至古怪念头的脑中异象，满朴实黯淡的自然的真实生活画面，甚至那些隐约于睡乡边缘、瞬息即逝的瑰丽色泽所缀饰成的片片梦中情景，所有这一切这时都立即逸出，消释在那太空之间。的确，这些全都让它去吧，这样我自己也好在融融的春光下另讨一番生活。沉思冥想尽可以奋其昏昏之翅翼，效彼鸱枭之夜游，而全然不胜午天的欢愉阳光。这类友朋似乎只适合于炉火之畔与冻窗之旁，这时室外正是狂飙啸枝，冰川载途，林径雪封，公路淤塞。至于进入春夏，一切沉郁的思绪便只应伴着寒鸟，随冬北去。于是那伊甸园式的淳朴生活恍若又重返人间：此时活着似乎既不须思考，也毋庸劳动，而只是熙熙和和，怡然自乐。除了仰承高天欢笑，俯察大地苏生而外，此时此刻又有什么值得人去千辛万苦经营？

今年春的到来所以又是步履疾迅，主要因为冬的延稽过久，这样即使兼程退却，也早超出其节令期限。不过半月之前，我还在那饱涨的河边见着巨块浮冰滚滚而下。山腹个别地带而外，眼前茫茫大地覆雪极厚，其最底层尚是去年 12 月间雪暴所积。骤睹此景，几乎令人目呆，不解何以这片僵死地面上的偌大殓布方才铺上，便又撤去。但是谁又能弄清那阳和淑气会有凭般灵验，不管它是来自周遭的岑寂物质世界，还是人们心底的精神冬天？实际上，多日以来，这里既无暴雨，也无燥热，只是好风南来，不断吹拂，而且雾日晴天，都较和煦，另外间或降场小雨，但其中总是溢满幸福欢笑。雪仿佛在幻术下已经突然隐去；密林深谷之中虽然难免，但是眼前只剩下一两处还未消净，说不定明天再来，还会因为踪影全无而感到怅惘。的确，新春这般紧逼残冬，以前还未见过。路边的小草已经贴着雪堆钻出头来。牧场耕地一时还没有绿转黄回，完全变青，但也不再是去年深秋一切枯竭时的那种惨淡灰暗色泽；生意已经隐隐欲出，只待不久即将焕发成为一派热闹景象。个别地方甚至明显地绽露出来——河边一家古旧红色农舍前面的果园南坡就是这样——那里已经是浅草茸茸，一色新绿，那光景的秀丽，就是将来繁花遍野，也将无以复加。不过这一切还大有某种虚幻不实之感——它只是一点预示，一个憧憬，或者某种奇异光照下的霎时效果，以致目才一瞬，便又转眼成空，负韵逸去。然而美却从来不是什么幻象；不是那里的点滴苍翠，

而正是它周遭广阔的深黝荒芜土地才更能给人携来梦想和渴望。每时每刻都有更多的土地被从死亡之中拯救出来。刚才朝阳的灰色南岸还几乎光秃无物，但现在已是翠映水堤。再细眄视，浅草也在微微泛绿！

园中树木虽还未抽芽著叶，但也脂遂液饱，满眼生机。只须魔杖一点，便会立即茂密葱茏，蓊森浓郁，而如今枯枝上的低吟悲啸到时也会从那簇叶中间突然响出一片音乐。几十年来一向荫翳西窗的那株著满苔衣的老柳也必将首先披起绿装。说起柳来，历来总是啧有烦言，理由无非是这种树的外皮不够干净，因而看去每易产生黏湿不洁之感。的确，我常以为，树木要想得人喜爱，必须叶表光滑，皮表爽利，另外木质纹理也都贵乎缜密坚致。然而柳也自有其特长，它总是以它那袅娜轻盈的风姿最早就将美的希望与现实像喜讯那样携给我们，而最后才把它黄而不萎的叶子撒落地面。另外整个一冬，它们那蔫黄的桠杈之上总是晴光如炽，因而即使是最凄其晦冥的天气，也都予人以一种欣欣之感。遇到雾雨云天，柳会令人忆起可爱阳光。我们古宅的郁郁园柳如果齐被砍掉，以致冬天它们的雪顶再无灿烂金冠，夏日周围也无参天翠黛，那时将会失去多少风韵。我书斋窗下的淡紫丁香同样也已开始生叶；不消几天，只要伸出手去就会触着它那最嫩绿的高枝。这些丁香，由于不复年轻，久已失去其昔年的丰腴。从内心，从理智，从常情乃至从爱好讲，我们都已不再满意它们的外观。老年一般受人尊敬，但是联系到丁香、蔷薇或者其他观赏性的花木，便恐怕未必如此；这些尤物，既以美为其生命，便似乎只应活在它们的不死青春——至少在其衰竭到来之前就该及时死去。美的树木乃是天上的圣物，按其生性本应不死，但是后来移到人间，也就不免要失掉其原有权利。一丛丁香竟然活到老迈不堪，辈分高高，这事本身便有几分滑稽可笑。这一比譬似乎也同样适用于我们人生。那些风致翩翩，生来便仅为给整个世界添色增美的人，按理也应该早些死去，而不该活到鬓发苍苍，皱纹满脸，正如我窗下那丛丁香不该苔皮厚厚，萧素枯萎。这倒并非是说在价值上美将逊于不朽。不，美应永远存在下去；也正为此，所以每当我们看到美被时间战胜，便将产生不快之感。另方面讲，苹果树却可以活至老耄而不致遭到物议。它们完全可以

爱活多久便活多久，也尽可以将其自身盘曲虬蟠得全然不成形状，然而霜皮瘦枝之间，却又红花著梢，夭夭灼灼，一树春色。它们尽可以这样一副而仍不失人的尊重，尽管收成时节，结果寥寥。这不多的几枚果实——或者仅是它们毕竟结过这点微弱回忆，至少总算是对世俗之于长寿者们的例来无情要求有了几分交代。看来人间的花木要想在世上享有寿数，除了开花应该美丽之外，还必须结出一定数量的果实，以服众口；否则仅具莓衣苔皮之类，而再无其他，则于合宜一端，势将人情天理，两难相容。

严冬的广大雪毡一旦撤去，这时最触目惊心的便是那暴露在眼前的种种污秽杂乱。依我们的偏见看来，自然也并非生胜好洁。去岁的物华芳菲，如今因已转成奇形怪状，一片灰暗，势不能不影响到眼前的明媚风光。路边道周，去秋的败叶到处成堆，其中甚至不乏狂飙摧折的整条断枝，如今早已霉黑腐烂，一两处还有鸟的残巢留在上面。至于花园之内，豆蔓的卷丝，笋圃的枯根更是随处可见，有些白菜甚至因为收秋人的大手大脚而被活活冻毙在那泥土里面。真的，通观世间万物的全部生命形式，死的遗迹在它们当中竟是何等地错杂一处和很少例外！无论是思想的壤土，还是心灵的园圃乃至感官的世界里面，都往往有枯叶残存下来——那些我们已经弃置不顾的思绪感情。天风既无力将它们驱出世外，大地也不能把它们收入虚无。但是这些对于我们又有何意义？为什么我们的生活与乐趣便不能是另外一种样子？因而我们的今生亦即人类的初生，我们的欢乐恍若他们的欢乐，于是再也无须在那些世代的旧物堆上（尽管从那里面也曾焕发出不知多少美丽神奇）践踏着朽骨而生存，步履着遗迹而作乐。想来那伊甸的春天必曾是无比的美妙，那里纯洁的处女地上绝无陈年积月的旧日宿叶去传播腐烂，初民的浑朴心中也不知将那过时的经验弄成盛夏，弄成残秋！那个世界才真真值得一活。——啊，你这牢骚大家，恐怕正是因为此生此世过于繁缛华茂和撩人心意，你才编造出这么多的无聊埋怨来吧。说是那里没有腐朽。那里的每个灵魂都是他自己伊甸园中的第一初民。——但是我们呢？我们则是居处于一所苔痕密布的古老邸宅，履践着往昔历代的旧日足迹，而与共朝夕的

侣朋则是一名死去牧师的孤寂亡灵。然而言之可怪，所有这一切反常的情况却因了精神的康复之力而被弄得未全虚幻。设使人的精神何时失去了这种力量——亦即设使这些枯枝、腐叶、古宅以及旧日的鬼魂一旦全都返回它们的当年面目，而今天的翠绿青葱反而成了它们的破碎梦影——但愿那时这种精神不必再长留在我们尘世之中。那时或许惟有天上的清氛能再振起它那泰初之时的浑然元气。

　　然而从这里黑与冬青树下的园中甬道面一跃驰入那无极太空，这又会是何等出人意料的非凡飞行！且让我们暂时脚踏实地吧。这个花园虽然平常，草在这里却长得很快，石墙脚下，屋角隐处，都已丝丝冒出，特别在那朝阳的台阶地方，也许因为条件优越，已经是细草芊芊，迎风摇曳。我观察到，有些杂草——尤其是一种沾指即染上黄色的——竟然汁饱叶鲜，经冬都未死去。我说不清何以它们独能免遭其同族类的命运而幸存下来。如今它们既已成了长老耆宿，自不免要对其花草儿孙讲点死生道理。

　　说起春天的赏心乐事，我们又怎能忘记禽鸟？就连乌鸦也会受人欢迎，因为它们正是更多美丽可爱的羽族的乌衣信使。它们在融雪之前便已经前来看望我们，虽然它们一般喜欢隐居树阴深处，以消永夏。我有时也去打扰它们，但见到它们高栖树端的那副如此礼拜的虔敬神情，确也不无唐突冒犯之嫌。偶然引颈一鸣，那叫声倒也与夏日午后的岑寂无比相合，其声大而且宏，且又响自头顶高处，非但不至破坏周遭的神圣穆肃，反会使那宗教气氛有所增加。然而乌鸦虽然一副道貌和一身法衣，其实却并无多大信仰；不仅素有蹈径之嫌，甚至不无渎神之讥。相比之下，在道德方面鸥鸟倒是更为可尊。这些海滨岩穴中的住户与滩头上的客人正是赶趁这个时节翔来我们内陆水面，而且总是那么轩轩飘举，奋其广翼于晴光之上。它们在禽鸟之中最是值得一观；当其翔驰天际，那浮游止息几乎与周遭景物凝之一处，化为一体。人的想象不愁从容去熟悉它们；它们不会俄顷即逝。你简直可以高升入云，亲去致候，然后万无一失地与它们一道逍遥浮游于汗漫的九陔之上。至于鸭类，它们的去

处则是河上幽僻之所，另外也常成群翔集于河水淹没的草原广阔腹地。它们的飞行往往过于疾迅和过于目标明确，因而看起来并无多大兴味，不过它们倒是大有竞技者们的那副死而无悔的拼命精神。此刻它们早已远去北方，但入秋以后又会回到我们这里。

说到小鸟——亦即林间以其歌喉著称的鸣禽，以及好来人们宅院，好在檐前园木筑巢因而与人颇为友善的一些鸟类——这些要想写好，那就不仅需要一支十分精致之笔，而且一颗饱富同情的心。它们那些曲调的猝发简直仿佛一股春潮从那严冬的禁锢之下骤然溃决出来。所以把这些音籁说成是奉献给造物者的一阙颂歌，确也不为言之过高过分，因为大自然对这回归的春天虽然从来不惜浓颜丽彩多方予以敷饰点缀，但在凭藉音响以表达生之复苏这番意思上却是不出鸟声一途。不过，此刻它们的抒放还仅仅带点偶发或漫吟的意味，尚非是刻意求工之作。它们只是在泛泛论着生活、爱情以及今夏的栖处与筑巢等问题，一时还不暇稳坐枝头，长篇大套地谱制种种颂歌、序曲、歌剧、圆舞或交响音乐。其间急事也常提出，大事也常通过匆忙而热烈的讨论，加以解决，但是偶然情不自胜，一派浓郁繁富的细乐也会嘤然逸出，恍若金波银浪一般地滚滚流溢于天地之间。它们的娇小身躯也像它们的歌喉一样忙个不了；总是上下翻飞，永无宁日。即使是三三两两飞避到树梢去议论什么，也总是摇头摆尾，没个安闲，仿佛天生注定只该忙忙碌碌，因而其命虽短，所过生涯却可能比一些懒人的寿数还长。在我们所有的禽羽族中，那名叫燕八哥的（其中两三个细类似乎颇能相得）也许是最喜鼓噪的一种。它们往往成群结伙（比那因了鹅妈妈而永垂不朽的那"二十四位"还更享名），啸聚树端，而那喧嚣吵闹的激烈实在不亚于乱哄哄的政治议会。政治当然是造成这类舌战激辩的主要原因，不过与其他的政客不同，它们毕竟还是在彼此的发言当中注入了一定的乐调，因而总的效果倒也不失和谐。然而在这一切鸟语之中，听起来最使我感觉优美欢快的再无过于一座高大堆房（尽管那里面阳光微弱，并不明亮）里的燕子呢喃；那沁人心脾的感染力量甚至超过红脖知更。当然所有这些栖居于住宅附近的禽羽之族仿佛都略通几分人性，也多少具备一点我们的那个不死的灵

魂。早晚晨昏之际，我们都能听到它们在吟诵着优美祷文。仅仅不久之前，当那夜色还是昏昏，一声浏亮而激越的嘤鸣已经响彻周遭树端——那音调之美真是最适合去迎接绛紫的晨曦和融入橙黄的霞曙。试问这小鸟何以要在午夜吐放出这般艳歌？或许那乐音是自它的梦中涌出，此时它正与其佳偶双双登上天国，而不想醒来，自己不过瑟缩在新英格兰的一个寒枝之上，周身全被夜露浸透，以致不胜其幻灭之感。

昆虫也是春的最早产物。许多我完全叫不上名字的小虫早已蠕蠕雪上。不少肉眼难辨的细物正在晴光之下嗡嗡营营，密如雾霭，不久飞入暗处，又恍被吞噬，渺不可见。蚊蚋已经开始奏起它们那生人微怖的细弱号角。黄蜂也在纷纷袭击着晴窗。蜜蜂还曾闯入室中，来报花信。蝴蝶甚至在雪消之前便已飞来，但寒风之中实在不无伶俜索莫之感，尽管一身彩衣，紫金缭碧，富丽非凡。

田野林径之间一时还春色不浓，少人光顾。日前外出时，一路之上还见不着紫堇银莲，或者其他一些像样花草。但是去登登对面小山，以便辨识一下春的足迹，还是完全值得。我自己便一直在追踪着它的一切微细变化。周围河水一道，蜿蜒作半圆形，所经草地因过去悉属印第安人，此水至今犹仍其旧。然而那里地卑水阔，日照之下，大有浮光耀金之感。近岸一带，成行树木几半浸水中，稍远，但见灌丛处处，簇出水面，仿佛在仰首吸气。其中最奇特的是一些零星巨树，孤立于死水之中，水面也较宽阔，广袤可数里许。一些树身由于浸水过深，尽失其比例匀称之美，见后始知其天然形状之可爱可贵。今年春汛期间，河水虽未泛滥成灾，但是浸地之广，也为近几十年来所仅见。事实上它已漫过石栏，致使公路个别地段几可荡舟。不过此刻已见退势，水中孤屿渐与大片土地相连，其他一些汀渚也慢慢冒出积涝，仿佛前所未见的新造之陆。眼前种种实在酷似尼罗河畔的退水情景——除了没有那种黑色沉积，另外也恍若诺亚时代的浮浮天水，所不同者，这些重见天日的陆面之上到处洋溢着一派盎然生意，因而给人的印象仿佛一切概出新造，而非因为浸淫陷溺过久，非洪水不足以尽洗其污秽。这些新出水的岛屿实在是整个

景物中最青葱的部分，只须那融和的春光一到，登时便将绿满郊原。

感谢上苍给了我们春天！试想整个大地——还有人类以及与他们息息相关的旧地故乡——又将是怎么一副模样，如果生命只是这般孜孜，一刻不停，从来没有任何新的东西定期来复，以便给它注入一点蓬勃生机？难道这个世界真会变得完全不可救药，以致连春天也不能给它携来一丝新绿？难道人们也都变得那么衰朽不堪，以致他们青春时代最微弱的阳光也永远不再射入心扉？绝不会的。我们这座古宅的墙莓阶苔此刻已是一片烟景；曾经在这里居住过的慈祥牧师不也是在此处重返其青春，在这骀荡的春风里成为九十之童吗？不论年老年少，如果一个人竟然连这春天的欢乐活泼也都一概摒弃不顾，这个人的灵魂真将是槁木死灰，哀莫大焉！对于这样一副心灵，我们不仅万难寄予重整乾坤之厚望，也无从邀得对那些为了崇高信仰与正义事业而英勇奋战的人们的些微同情。说到我们的一年四季，夏天总是但以眼前为务，而不思将来；秋天富饶丰赡有余，但过趋保守；冬天则已完全丧失其美好理想，只知在瑟瑟的寒风之中重温其往日迷梦；因此惟有春天，那生意盎然的春天，才是这变动不居的序时之中的最好时节。

（霍桑）

冬天之美

当地面的白雪像璀璨的钻石在阳光下闪闪发光，或者当挂在树梢的冰凌组成神奇的连拱和无法描绘的水晶的花彩时，有什么东西比白雪更加美丽呢？

我从来热爱乡村的冬天。我无法理解富翁们的情趣，他们在一年当中最不适于举行舞会、讲究穿着和奢侈挥霍的季节，将巴黎当作狂欢的

场所。大自然在冬天邀请我们到火炉边去享受天伦之乐，而且正是在乡村才能领略这个季节罕见的明朗的阳光。在我国的大都市里，臭气熏天和冻结的烂泥几乎永无干燥之日，看见就令人恶心。在乡下，一片阳光或者刮几小时风就使空气变得清新，使地面干爽。可怜的城市工人对此十分了解，他们滞留在这个垃圾场里，实在是由于无可奈何。我们的富翁们所过的人为的、悖谬的生活，违背大自然的安排，结果毫无生气。英国人比较明智，他们到乡下别墅里去过冬。

　　在巴黎，人们想像大自然有六个月毫无生机，可是小麦从秋天就开始发芽，而冬天惨淡的阳光——大家惯于这样描写它——是一年之中最灿烂、最辉煌的。当太阳拨开云雾，当它在严冬傍晚披上闪烁发光的紫红色长袍坠落时，人们几乎无法忍受它那令人眩目的光芒。即使在我们严寒却偏偏不恰当地称为温带的国家里，自然界万物永远不会除掉盛装和失去盎然的生机，广阔的麦田铺上了鲜艳的地毯，而天际低矮的太阳在上面投下了绿宝石的光辉。地面披上了美丽的苔藓。华丽的常春藤涂上了大理石般的鲜红和金色的斑纹。报春花、紫罗兰和孟加拉玫瑰躲在雪层下面微笑。由于地势的起伏，由于偶然的机缘，还有其他几种花儿躲过严寒幸存下来，而随时使你感到意想不到的欢愉。虽然百灵鸟不见踪影，但有多少喧闹而美丽的鸟儿路过这儿，在河边栖息和休憩！当地面的白雪像璀璨的钻石在阳光下闪闪发光，或者当挂在树梢的冰凌组成神奇的连拱和无法描绘的水晶的花彩时，有什么东西比白雪更加美丽呢？在乡村的漫漫长夜里，大家亲切地聚集一堂，甚至时间似乎也听从我们使唤。由于人们能够沉静下来思索，精神生活变得异常丰富。这样的夜晚，同家人围炉而坐，难道不是极大的乐事吗？

（乔治·桑）

到尼亚加拉大瀑布

那片浩瀚汹涌的水，仍旧竟日横冲直滚，飞悬倒洒，砰訇澎渤，雷鸣山崩；那些虹霓仍旧在它下面一百英尺的空中弯亘横跨。

那一天的天气寒冷潮湿，着实苦人；凄雾浓重，几欲成滴，树木在这个北国里还都枝柯赤裸，完全冬意。不论多会儿，只要车一停下来，我就侧耳静听，看是否能听到瀑布的吼声，同时还不断地往我认为一定是瀑布所在那方面死乞白赖地看；我所以知道瀑布就在那一方面，因为我看见河水滚滚朝着那儿流去；每一分钟都盼望会有飞溅的浪花出现。恰恰在我们停车以前几分钟内，我看见了两片嵯峨的白云，从地心深处巍巍而出，冉冉而上。当时所见，仅止于此。后来我们到底下了车了，于是我才头一回听到洪流的砰訇，同时觉得大地都在我脚下颤动。

崖岸陡峭，又因为有刚刚下过的雨和化了一半的冰，地上滑溜溜的，所以我自己也不知道我是怎么下去的，不过我却一会儿就站在山根那儿，同两个英国军官（他们也正走过那儿，现在和我到了一块）攀登到一片嶙峋的乱石上了。那时澎渤大作，震耳欲聋，玉花飞溅，蒙目如眯，我全身濡湿，衣履俱透。原来我们正站在美国瀑布的下面。我只能看见巨浸滔天，劈空而下，但是对于这片巨浸的形状和地位，却毫无概念，只渺渺茫茫，感到泉飞水立，浩瀚汪洋而已。

我们坐在小渡船上，从紧在这两个大瀑布前面那条汹涌奔腾的河里过的时候，我才开始感到是怎么回事，不过我却有些目眩心摇，因而领会不到这副光景到底有多博大。一直到我来到平顶岩上看去的时候——哎呀天哪，那样一片飞立倒悬的晶莹碧波！——它的巍巍凛凛，浩瀚峻

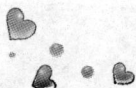

伟，才在我眼前整个呈现。

　　于是我感到，我站的地方和造物者多么近了，那时候，那副宏伟的景象，一时之间所给我的印象，同时也就是永永无尽所给我的印象——一瞬的感觉，而又是永久的感觉——是一片和平之感：是心的宁静，是灵的恬适，是对于死者淡泊安详的回忆，是对于永久的安息和永久的幸福恢廓的展望，不掺杂一丁点暗淡之情，不掺杂一丁点恐怖之心。尼亚加拉一下就在我心里留下深刻的印象——留下了一副美丽的形象，这副形象一直永世不尽留在我的心头，永远不改变，永远不磨灭，一直到我的心房停止了搏动的时候。

　　我们在那个神工鬼斧、天魔帝力所创造出来的地方上待了十天，在那永久令人不忘的十天里，日常生活中的龃龉和烦恼，如何离我而去，越去越远啊！巨浸的砰訇对于我如何振聋发聩啊！绝迹于尘世之上而却出现于晶莹垂波之中的，是何等的面目啊！在变幻无常、横亘半空的灿烂虹霓四围上下，天使的泪如何玉圆珠明，异彩缤纭，纷飞乱洒，纵翻横出啊！在这种眼泪里，天心帝意，又如何透露而出啊！

　　我一起始，就跑到了加拿大那一边儿，在那十天里就一直在那儿没动。我从来没再过过河，因为我知道，河那边也有人，而在这种地方，当然不能和不相干的闲杂人搀和。整天往来徘徊，从一切角度，来看这个垂瀑；站在马蹄铁大瀑布的边缘上，看着奔腾的水，在快到崖头的时候，力充劲足，然而却又好像在驰下崖头、投入深渊之前，先停顿一下似的；从河面上往上看巨涛下涌；攀上邻岭，从树梢间嘹望，看激湍盘旋而前，翻下万丈悬崖；站在下游三英里的巨石森岩下面，看着河水，波涌涡漩，砰訇应答，表面上看不出来它所以这样的原因，实在在河水深处，却受到巨瀑奔腾的骚扰；永远有尼亚加拉当前，看它受日光的蒸腾，受月华的逗逗，夕阳西下中一片红，暮色苍茫中一片灰；白天整天眼里看它，夜里枕上醒来耳里听它；这样的福就够我享的了。

　　我现在每天平静之时都要想：那片浩瀚汹涌的水，仍旧竟日横冲直滚，飞悬倒洒，砰訇瀰渤，雷鸣山崩；那些虹霓仍旧在它下面一百英尺

的空中弯亘横跨。太阳照在它上面的时候，它仍旧像玉液金波，晶莹明澈。天色暗淡的时候，它仍旧像玉霰琼雪，纷纷飞洒；像轻屑细末，从白垩质的悬崖峭壁上阵阵剥落；像如絮如绵的浓烟，从山腹幽岫里蒸腾喷涌。但是这个滔天的巨浸，在它要往下流去的时候，永远老像要先死去一番似的，从它那深不可测、以水为国的坟里，永远有浪花和迷雾的鬼魂，其大无物可与伦比，其强永远不受降伏，在宇宙还是一片混沌。黑暗还复掩渊面的时候，在匝地的巨浸——水——以前，另一个漫天的巨浸——光——还没经上帝吩咐而一下弥漫宇宙的时候，就在这儿森然庄严地呈异显灵。

（狄更斯）

海边幻想

气势雄伟的大海永远不停地向它滚滚打来，缓缓冲激，哗啦作晌，溅起泡沫，像低音鼓吟声阵阵。

我小时候就有过幻想，有过希望，想写点什么，也许是一首诗吧，写海岸——那使人产生联想和起划分作用的一条线，那接合点，那汇合处，固态与液态紧紧相连之处——那奇妙而潜伏的某种东西（每一客观形态最后无疑都要适合主观精神的）。虽然浩瀚，却比第一眼看它时更加意味深长，将真实与理想合而为一，真实里有理想，理想里有真实。我年轻时和刚成年时在长岛，常常去罗卡威的海边和康尼岛的海边，或是往东远至汉普顿和蒙托克，一去就是几个钟头，几天。有一次，去了汉普顿和蒙托克（是在一座灯塔旁边，就目所能及，一眼望去，四周一无所有，只有大海的动荡）。我记得很清楚，有朝一日一定要写一本描绘这

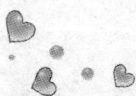

关于液态的、奥妙的主题。结果呢？我记得不是什么特别的抒情诗、史诗、文学方面的愿望，而竟是这海岸成了我写作的一种看不见的影响，一种作用广泛的尺度和符契。（我在这里向年轻的作家们提供一点线索。我也说不准，不过，除了海和岸之外，我也不知不觉地按这同样的标准对待其他的自然力量——避免追求用诗去写它们；太伟大，不宜按一定的格式去处理——如果我能间接地表现我同它们相遇而且相融了，即便只有一次也已足够，我就非常心满意足了——我和它们是真正地互相吸收了，互相了解了。）

多年来，一种梦想，也可以说是一种图景时时（有时是间或，不过到时候总会再来）悄悄地出现在我眼前。尽管这是想像，但我确实相信这梦想已大部分进入了我的实际生活——当然也进入了我的作品，使我的作品成形，给了我的作品以色彩。那不是别的，正是这一片无垠的白黄白黄的沙地；它坚硬，平坦，宽阔；气势雄伟的大海永远不停地向它滚滚打来，缓缓冲激，哗啦作响，溅起泡沫，像低音鼓吟声阵阵。这情景，这画面，多年来一直在我眼前浮现。我有时在夜晚醒来，也能清楚地听见它，看见它。

（惠特曼）

秋天的日落

太阳的光辉会照耀得更加妍丽，会照射进我们的心扉灵府之中，会使我们的生涯洒满了更大彻悟的奇妙光照

最近，十一月的一天，我们目睹了一个极其美丽的日落。当我像平时一样漫步于一条小溪发源处的草地之上，那高空的太阳，终于在一个

凄苦的寒天之后、暮夕之前，突于天际骤放澄明。这时但见远方天幕下的衰草残茎，山边的树叶橡丛，顿时浸在一片柔美而耀眼的绮照之中，而我们自己的身影也长长地伸向草地的东方，仿佛是那缕斜辉中仅有的点点微尘。周围的风物是那么妍美，一晌之前还是难以想象，空气也是那么和暖纯净，一时这普通草原实在无异于天上景象。但是这眼前之景难道一定是亘古以来不曾有过的特殊奇观？说不定自有天日以来，每个暮夕便都是如此，因而连跑动在这里的幼小孩童也会觉得自在欣悦。想到这些，这幅景象也就益发显得壮丽起来。

此刻那落日的余晕正以它全部的灿烂与辉煌，也不分城市还是乡村，甚至以往日少见的艳丽，尽情斜映在这一带境远地僻的草地之上；这里没有一间房舍——茫茫之中只瞥见一头孤零零的沼鹰，背羽上染尽了金黄，一只麝香鼠正在洞穴口探头，另外在沼泽之间望见了一股水色黝黑的小溪，蜿蜒曲折，绕行于一堆残株败根之旁。我们漫步于其中的光照，是这样的纯美与熠耀，满目衰草树叶，一片金黄，晃晃之中又是这般柔和恬静，没有一丝涟漪，一息呜咽。我想我从来不曾沐浴过这么优美的金色光波。西望林薮丘岗之际，彩焕烂然，恍若仙境边陲一般，而我们背后的秋阳，仿佛一个慈祥的牧人，正趁薄暮时分，赶送我们归去。

我们在踯躅于圣地的历程当中也是这样。总有一天，太阳的光辉会照耀得更加妍丽，会照射进我们的心扉灵府之中，会使我们的生涯洒满了更大彻悟的奇妙光照，其温煦、恬淡与金光熠耀，恰似一个秋日的岸边那样。

（梭罗）

林中小溪

> 对于水来说没有不同的道路，所有道路早晚都一定会把它
带到大洋。

如果你想了解森林的心灵，那你就去找一条林中小溪，顺着它的岸
边往上游或者下游走一走吧。刚开春的时候，我就在我那条可爱的小溪
的岸边走过。下面就是我的在那儿的所见、所闻和所想。

我看见，流水在浅的地方遇到云杉树根的障碍，于是冲着树根潺潺
鸣响，冒出气泡来。这些气泡一冒出来，就迅速地飘走，不久即破灭，
但大部分会漂到新的障碍那儿，挤成白花花的一团，老远就可以望见。

水遇到一个又一个障碍，却毫不在乎，它只是聚集为一股股水流，
仿佛在避免不了的一场搏斗中收紧肌肉一样。

水在颤动。阳光把颤动的水影投射到云杉树上和青草上，那水影就
在树干和青草上忽闪。水在颤动中发出潺潺声，青草仿佛在这乐声中生
长，水影是显得那么调和。

流过一段又浅又阔的地方，水急急注入狭窄的深水道，因为流得急
而无声，就好像在收紧肌肉，而太阳不甘寂寞，让那水流的紧张的影子
在树干和青草上不住地忽闪。

如果遇上大的障碍物，水就嘟嘟哝哝地仿佛表示不满，这嘟哝声和
从障碍上飞溅过去的声音，老远就可听见。然而这不是示弱，不是诉怨，
也不是绝望，这些人类的感情，水是毫无所知的。每一条小溪都深信自
己会达到自由的水域，即使遇上像厄尔布鲁士峰一样的山，也会将它劈
开，早晚会到达……

太阳所反映的水上涟漪的影子，像轻烟似的总在树上和青草上晃动

着。在小溪的淙淙声中，饱含树脂的幼芽在开放，水下的草长出水面，岸上青草越发繁茂。

这儿是一个静静的深水潭，其中有一棵倒树，有几只亮闪闪的小甲虫在平静的水面上打转，惹起了粼粼涟漪。

水流在克制的嘟哝声中稳稳地流淌着，他们兴奋得不能不互相呼唤：许多支有力的水都流到了一起，汇合成了一股大的水流，彼此间又说话又呼唤——这是所有来到一起又要分开的水流在打招呼呢。

水惹动着新结的黄色花蕾，花蕾反又在水面漾起波纹。小溪的生活中，就这样一会儿泡沫频起，一会儿在花和晃动的影子间发出兴奋的招呼声。

有一棵树早已横堵在小溪上，春天一到竟还长出了新绿，但是小溪在树下找到了出路，匆匆地奔流着，晃着颤动的水影，发出潺潺的声音。

有些草早已从水下钻出来了，现在立在溪流中频频点头，算是既对影子的颤动又对小溪的奔流的回答。

就让路途当中出现阻塞吧，让它出现好了！有障碍，才有生活：要是没有的话，水便会毫无生气地立刻流入大洋了，就像不明不白的生命离开毫无生气的机体一样。

途中有一片宽阔的洼地。小溪毫不吝啬地将它灌满水，并继续前行，而留下那水塘过它自己的日子。

有一棵大灌木被冬雪压弯了，现在有许多枝条垂挂到小溪中，煞像一只大蜘蛛，灰蒙蒙的，爬在水面上，轻轻摇晃着所有细长的腿。

云杉和白杨的种子在漂浮着。

小溪流经树林的全程，是一条充满持续搏斗的道路，时间就由此而被创造出来。搏斗持续不断，生活和我的意识就在这持续不断中形成。

是的，要是每一步没有这些障碍，水就会立刻流走了，也就根本不会有生活和时间了……

小溪在搏斗中竭尽力量，溪中一股股水流就像肌肉似的扭动着，但是毫无疑问的是，小溪早晚会流入大洋的自由的水中，而这"早晚"就

正是时间，正是生活。

一股股水流在两岸紧挟中奋力前进，彼此呼唤，说着"早晚"二字。这"早晚"之声整天整夜地响个不断。当最后一滴水还没有流完，当春天的小溪还没有干涸的时候，水总是不倦地反复说着："我们早晚会流入大洋。"

流净了冰的岸边，有一个圆形的小湾。一条在发大水时留下的小狗鱼，被困在这水湾的春水中。

你顺着小溪会突然来到一个宁静的地方。你会听见，一只灰雀的低鸣和一只苍头燕雀惹动枯叶的簌簌声竟会响遍整个树林。

有时一些强大的水流，或者有两股水的小溪，呈斜角形汇合起来，全力冲击着被百年云杉的许多粗壮树根所加固的陡岸。

真惬意啊：我坐在树根上，一边休息，一边听陡岸下面强大的水流不急不忙地彼此呼唤，听它们满怀"早晚"必到大洋的信心互打招呼。

流经小白杨树林时，溪水浩浩荡荡像一个湖，然后集中流向一个角落，从一米高的悬崖上落下来，老远就可听见哗哗声。这边一片哗哗声，那小湖上却悄悄地泛着涟漪，密集的小白杨树被冲歪在水下，像一条条蛇似的一个劲儿想顺流而去，却又被自己的根拖住。

小溪使我留连，我老舍不得离它而去，因此反而觉得乏味起来。

我走到林中一条路上，这儿现在长着极低的青草，绿得简直刺眼，路两边有两道车辙，里边满是水。

在最年轻的白桦树上，幼芽正在舒青，芽上芳香的树脂闪闪有光，但是树林还没有穿上新装。在这还是光秃秃的林中，今年曾飞来一只杜鹃：杜鹃飞到秃林子来，那是不吉利的。

在春天还没有装扮，开花的只有草莓、白头翁和报春花的时候，我就早早地到这个采伐迹地来寻胜，如今已是第十二个年头了。这儿的灌木从，树木，甚至树墩子我都十分熟悉，这片荒凉的采伐迹地对我说来是一个花园：每一棵灌木，每一棵小松树、小云杉，我都抚爱过，他们都变成了我的，就像是我亲手种的一样，这是我自己的花园。

我从自己的"花园"回到小溪边上，看到了一件了不得的林中事件：

一棵巨大的百年云杉，被小溪冲刷了树根，带着全部新、老球果倒了下来，繁茂的枝条全都压在小溪上，水流此刻正冲击着每一根枝条，还一边流，一边不断地互相说着："早晚……"

小溪从密林里流到旷地上，水面在艳阳朗照下开阔了起来。这儿水中蹿出了第一朵小黄花，还有像蜂房似的一片青蛙卵，已经相当成熟了，从一颗颗透明体里可以看到黑黑的蝌蚪。也在这儿的水上，有许多几乎同跳蚤那样小的浅蓝色的苍蝇，贴着水面飞一会就落在水中；他们不知从哪儿飞出来，落在这儿的水中，他们的短促生命，就好像这样一飞一落。有一只水生小甲虫，像铜一样亮闪闪，在平静的水上打转。一只姬蜂往四面八方乱窜，水面波纹却纹丝不动。一只黑星黄粉蝶，又大又鲜艳，在平静的水上翩翩飞舞。这水湾周围的小水洼里长满了花草，早春柳树的枝条也已开花，茸茸的像黄毛小鸡。

小溪怎么样了呢？一半溪水另觅路径流向一边，另一半溪水流向另一边。也许是在为自己的"早晚"这一信念而进行的搏斗中，溪水分道扬镳了：一部分水说，这一条路会早一点儿到达目的地，另一部分水认为另一边是近路，于是他们分开了，绕了一个大弯子，彼此之间形成了一个大孤岛，然后又重新兴奋地汇合到一起，终于明白：对于水来说没有不同的道路，所有道路早晚都一定会把它带到大洋。

我的眼睛得到了愉悦，耳朵里"早晚"之声不绝，杨树和白桦幼芽的树脂的混合香味扑鼻而来。此情此景我觉得再好也没有了，我再不必匆匆赶到哪儿去了。我在树根之间坐了下去，紧靠在树干上，举目望那和煦的太阳，于是，我梦魂萦绕的时刻翩然而至，停了下来，原是大地上最后一名的我，最先进入了百花争艳的世界。

我的小溪到达了大洋。

（普里什文）

贪心的紫罗兰

此时此刻，她的脸上绽现出神圣的微笑——愿望实现后的微笑——胜利的微笑——上帝的微笑。

在一座孤零零的花园里，有一株紫罗兰，花瓣艳丽，芳香四溢，幸福愉快地生活在同伴当中，得意洋洋地在群芳之间左右摆动。

一天早晨，紫罗兰戴着露珠桂冠，抬眼环望四周，看到一朵玫瑰花，躯干苗条，翘首天空，恰似一柄火炬，插在宝石灯上。

紫罗兰咧开她那蓝色的嘴唇，叹息道："唉，在群芳当中，我最不走运；在百卉之中，我的地位最低！大自然把我造就得如此低矮渺小，我只配伏在地上生存，不能像玫瑰那样，枝插蓝天，面朝太阳。"

玫瑰花听到邻居紫罗兰的哀叹，笑着摇了摇头，然后说："百花群里，你最糊涂。你真是身在福中不知福啊！大自然赋予你芳香、文雅和美貌，这都是别的花草所没有的。你还是赶快打消你这些奇怪的念头和有害愿望吧！满足天赐予你的福气吧！你要知道：虚怀若谷，地位无比高尚；贪得无厌的人，永远贫困饥荒。"

紫罗兰答道："玫瑰花，你之所以这样安慰我，因为你已得到了我想得到的一切；你之所以用格言来掩饰我的低下地位，因为你伟大高尚。在倒霉者的心中，幸运儿的劝诫是何等苦涩；在弱者面前慷慨陈词的强者，何其冷若冰霜！"

大自然听了玫瑰花与紫罗兰之间的对话，禁不住打了个寒战，继之提高了嗓门，说："紫罗兰，我的女儿，你怎么啦？我了解你，你朴实无华，小巧玲珑，温文尔雅。究竟是贪欲缠住了你的心，还是虚荣占据了你的心？"

　　紫罗兰乞怜道："力大恩深的母亲，我谨向您倾诉我心中的恳求和希望，万望您答应我的要求：让我变成一株玫瑰花，哪怕只有一天。"

　　大自然说："你不知道你的要求意味着什么。你不知道华美外观的背后所隐藏的巨大灾难。倘若你的身躯变高，外貌改变，成为一株玫瑰花，恐怕到时候连后悔都来不及了。"

　　紫罗兰苦苦哀求，"改变我的外貌吧！让我变成一株身躯高大、昂首蓝天的玫瑰花……到那时，不管怎样，我的愿望总算实现了。"

　　大自然无奈："叛逆的傻瓜，我答应你的要求！倘若遇到灾祸，你只能抱怨自己太傻。"大自然伸出她那无形的神手，轻轻触摸紫罗兰的根部，顿时出现了一株高出群芳之首、色彩斑斓夺目的玫瑰花。

　　那天傍晚，天色突变，乌云急聚，狂风骤起，撕破世间沉寂，电闪雷鸣、疾风暴雨一齐向花园袭来。刹那间，万木枝条尽折，百花躯干弯曲，枝长杆高的花木被连根拔掉，幸免者只有伏在地面上、隐身石缝间的矮小花木荆棘。

　　与此同时，那座孤零零的花园也遭受了其他花园所经历的浩劫和冲击，而且有过之而无不及。

　　风暴未息，乌云未消，已见园中花落满地。风暴过后，只有隐蔽在墙根下的紫罗兰安然无恙。

　　一位紫罗兰少女抬起头来，望着园中花木败落的惨状，得意地微笑了。她当即呼唤同伴："姐妹们，快来看哪！看看风暴是怎样对待那些盛气凌人的高大花木的吧！"

　　另一位紫罗兰姑娘说："我们低矮，匍伏在地面上，但经过暴风骤雨，我们安然无恙。"

　　第三位紫罗兰姑娘说："我们虽然体躯微小，但暴风雨没把我们压倒。"

　　就在这时，紫罗兰王后走了出来。她发现昨天还是紫罗兰的那株玫瑰就在自己身边，只见它已被风暴连根拔掉，叶子散落了一地，仿佛身中万箭，被风神抛到了湿漉漉的草丛之间。

　　紫罗兰王后挺起腰杆，舒展叶片，大声呼唤："我的女儿们，你们仔细看看！这株紫罗兰为贪欲所怂恿，变成一株玫瑰花，挺拔一时，不久被抛入万丈深渊。但愿这能成为你们的明鉴。"

　　那株玫瑰花战栗着，使尽全身力气，上气不接下气地说："知足安分的傻姐妹们，听我对你们说：昨天，我像你们一样，端坐在绿叶中间，满足于天赐之福。知足是一个难以逾越的障碍，将我与生活的风暴隔离开来，使我心地坦然，无忧无虑，无难无灾。我本来可以像你们一样，静静匍伏在地面，冬来以雪花裹身，没有弄明大自然的秘密，便与同伴一起步入死一般的沉寂。我本来可以避开那令人贪婪的事情，弃绝那些超越我自身天性的东西。可是，我在静夜里听上天对人间说：'存在的目的在于追求存在以外的东西。'于是，我背弃了我的灵魂，一心想得到我不应得到的东西。正是这种贪欲，使背弃心理变成一种巨大力量，使我的内心渴望变成了异想天开的幻想，于是，我要求大自然——大自然不过是我们内心梦想的外观——将我变成一株玫瑰花。大自然立即让我如愿以偿。大自然常用她的偏爱与渴望改变自己的形象。"

　　玫瑰花沉默片刻，又自鸣得意地说："我当了一个小时的皇后。我用玫瑰花的眼睛观看了宇宙，用玫瑰花的耳朵听到太苍窃窃私语，用玫瑰花的叶子感触光明。诸位当中，谁能得到我这份光荣？"

　　尔后，玫瑰花弯下脖子了，用近似喘息的声音说："我就要死去了。我心中有一种特殊的感触，这是在我之前的紫罗兰不曾有过的。我就要死去了。我终于了解了我出生的有限天地之外的一些事情。这就是生活的目的。这就是隐藏在昼夜间发生的偶然事件背后的真正实质。"

　　玫瑰花合上叶子，浑身一颤，便死去了。此时此刻，她的脸上绽现出神圣的微笑——愿望实现后的微笑——胜利的微笑——上帝的微笑。

（纪伯伦）

要活在巨大的希望中

只有睿智之光与时俱增、终生怀有希望的人，才是具有最高信念的人，才会成为人生的胜利者。

亚历山大大帝给希腊世界和东方的世界带来了文化的融合，开辟了一直影响到现在的丝绸之路的丰饶世界。据说他投入了全部青春的活力，出征波斯之际，曾将他所有的财产分给了臣下。

为了登上征伐波斯的漫长征途，他必须买进种种军需品如粮食等物，为此他需要巨额的资金。但他把从珍爱的财宝到他拥有的土地，几乎全部都给臣下分配光了。

群臣之一的庞尔狄迦斯深感奇怪，便问亚历山大大帝：

"陛下带什么出发呢？"

对此，亚历山大回答说：

"我只有一个财宝，那就是'希望'。"

据说，庞尔狄迦斯听了这个回答以后说："那么请允许我们也来分享它吧。"于是他谢绝了分配给他的财产，而且臣下中的许多人也仿效了他的做法。

我的恩师，户田城圣创价学会第二代会长，经常向我们这些年轻人说："人生不能无希望，所有的人都是生活在希望当中的。假如真的有人是生活在无望的人生当中的，那么他只能是败者。"

人很容易遇到些失败或障碍，于是悲观失望，挫折下去，或在严酷的现实面前，失掉活下去的勇气，或怨恨他人，结果落得个唉声叹气、牢骚满腹。其实，身处逆境而不丢掉希望的人，肯定会打开一条活路，在内心也会体会到真正的人生欢乐。

在人生的征途中，最重要的不是财产，也不是地位，而是在自己胸中像火焰一般熊熊燃起的信念，即"希望"。因为那种毫不计较得失、为了巨大希望而活下去的人，肯定会生出勇气，不畏困难，肯定会激发出巨大的激情，开始闪烁出洞察现实的睿智之光。只有睿智之光与时俱增、终生怀有希望的人，才是具有最高信念的人，才会成为人生的胜利者。

（池田大作）

归来的温馨

这是忍冬的芳香，这是春天的第一个吻。

我的住所幽深，院内树木繁茂。久别之后，房子的许多去处吸引我躲进去尽情享受归来的温馨。花园里长起神奇的灌木丛，发出我从未领受过的芬芳。我种在花园深处的杨树，原来是那么细弱，那么不起眼，现在竟长成了大树。它直插云天，表皮上有了智慧的皱纹，梢头不停地颤动着新叶。

最后认出我的是栗树。当我走近时，它们光裸干枯的、高耸纷敏的枝条，显出莫测高深和满怀敌意的神态，而在它们躯干周围正萌动着无孔不入的智利的春天。我每日都去看望它们，因为我心里明白，它们需要我去巡礼，在清晨的寒冷中，我凝然伫立在没有叶子的枝条下，直到有一天，一个羞怯的绿芽从树梢高处远远地探出来看，随后出来了更多的绿芽。我出现的消息就这样传遍了那棵大栗树所有躲藏着的满怀疑虑的树叶；现在，它们骄傲地向我致意，并且已经习惯了我的归来。

鸟儿在枝头重新开始往日的啼鸣，仿佛树叶下什么变化也未曾发生。书房里等待我的是冬天和残冬的浓烈气息。在我的住所中，书房最

深刻地反映了我离家的迹象。

封存的书籍有一股亡魂的气味，直冲鼻子和心灵深处，因为这是遗忘——业已湮灭的记忆——所产生的气味。

在那古老的窗子旁边，面对着安第斯山顶上白色和蓝色的天空，在我的背后，我感到了正在与这些书籍进行搏斗的春天的芬芳。书籍不愿摆脱长期被人抛弃的状态，依然散发一阵阵遗忘的气息。春天身披新装，带着忍冬的香气，正在进入各个房间。

在我离家期间，书籍给弄得散乱不堪。这不是说书籍短缺了，而是它们的位置给挪动了。在一卷十七世纪的严肃的培根著作旁边，我看到艾·萨尔加里的《尤卡坦旗舰》；尽管如此，它们倒还能够和睦相处。然而，一册拜伦诗集却散开了，我拿起来的时候，书皮像信天翁的黑翅膀那样掉落下来。我费力地把书脊和书皮缝上，事前我先饱览了那冷漠的浪漫主义。

海螺是我住所里最沉默的居民。从前海螺连年在大海里度过，养成了极深的沉默。如今，近几年的时光又给它增添了岁月和尘埃。可是，它那珍珠般冷冷的闪光，它那哥特式的同心椭圆形，或是它那张开的壳瓣，都使我记起远处的海岸和事件。这种闪着红光的珍贵海螺叫Rostellaria，是古巴的软体动物学家——深海的魔术师——卡洛斯·德拉托雷有一次把它当作海底勋章赠给我的。这些加利福尼亚海里的黑"橄榄"，以及同一处来的带红刺的和带黑珍珠的牡蛎，都已经有点儿褪色，而且盖满尘埃了。从前，就在有这么多宝藏的加利福尼亚海上，我们险些遇难。

还有一些新居民，就是从封存了很久的大木箱里取出的书籍和物品。这些松木箱来自法国，箱子板上有地中海的气味，打开盖子时发出嘎吱嘎吱的歌声，随即箱内出现金光，露出维克多·雨果著作的红色书皮。旧版的《悲惨世界》便把形形色色令人心碎的生命，在我家的几堵墙壁之内安顿下来。

不过，从这口灵柩般的大木箱里我找出了一张妇女的可亲的脸，木头做的高耸的乳房，一双浸透音乐和盐水的手。我给她取名叫"天堂里

的玛丽亚"，因为她带来了失踪船只的秘密。我在巴黎一家旧货店里发现她光彩照人，当时她因为被人抛弃而面目全非，混在一堆废弃的金属器具里，埋在郊区阴郁的破布堆下面。现在，她被放置在高处，再次焕发着活泼、鲜艳的神采出航。每天清晨，她的双颊又将挂满神秘的露珠，或是水手的泪水。

玫瑰花在匆匆开放。从前，我对玫瑰很反感，因为她没完没了地附丽于文学，因为她太高傲。可是，眼看她们赤身裸体顶着严冬冒出来，当她在坚韧多刺的枝条间露出雪白的胸脯，或是露出紫红的火团的时候，我心中渐渐充满柔情，赞叹她们骏马一样的体魄，赞叹她们含着挑战意味发出的浪涛般神秘的芳香与光彩；而这是她们适时从黑色土地里尽情吸取之后，像是责任心创造奇迹，在露天地里表露的爱。而现在，玫瑰带着动人的严肃神情挺立在每个角落，这种严肃与我正相符，因为她们和我都摆脱了奢侈与轻浮，各自尽力发出自己的一份光。

可是，四面八方吹来的风使花朵轻微起伏、颤动，飘来阵阵沁人心脾的芳香。青年时代的记忆涌来，令人陶醉：已经忘却的美好名字和美好时光，那轻轻抚摩过的纤手、高傲的琥珀色双眸以及随着时光流逝已不再梳理的发辫，一起涌上心头。

这是忍冬的芳香，这是春天的第一个吻。

（聂鲁达）

金蔷薇

　　　　人类心胸的开阔以及理智的力量战胜黑暗，如同永世不没
的太阳一般光辉灿烂。"

　　记不起来了，这段关于一个巴黎清洁工约翰·沙梅的故事是怎样得来
的。沙梅是靠打扫区里几家手工艺作坊维持生活的。沙梅住在城郊的一
间草房里。本来可以把这个郊区大加描绘一番，以使读者离开故事的本
题。不过，也许值得提一笔：直到现在巴黎城郊仍然还留存着一些古老
的碉堡。在这个故事发生的时候，这些碉堡还被金银花和山楂子等杂草
所覆盖着，一些野鸟就在这里造了巢。

　　沙梅的草房便在靠北面一个堡垒的脚下，与洋铁匠、鞋匠、捡烟头
的乞丐们的破房子为邻。

　　要是莫泊桑曾经对这些草棚住房的生活发生过兴趣的话，那他或许
会再写出几篇出色的短篇小说来。说不定，它们还会在他的永恒的光芝
上添上新的桂冠呢。

　　可惜除了暗探以外，谁也没来瞻望过这些地方。就是那些暗探，也
仅仅在搜索贼赃的时候才会光临。

　　邻居们管沙梅叫"啄木鸟"，从这里，可以想象得出他是瘦瘦的，鼻
子尖尖的，帽子底下总是翘出一绺头发，好像一簇鸟雀的冠毛。

　　以前，沙梅也过过好日子。在墨西哥战争的时候，他在"小拿破仑"
军团里当过兵。

　　沙梅福星高照。他在维拉克鲁斯得了很重的热病。于是这个害病的
兵，没上过一次阵，就给遣送回国了。团长借这个便，把他的女儿苏珊
娜，一个八岁的女孩子，托付沙梅带回法兰西去。

团长是个鳏夫，所以到哪儿都不得不把自己的女儿带在身边。但是这一次，他决定和女儿分手，把她送到里昂的妹妹家里去。墨西哥的气候会夺去欧洲孩子的生命。况且混乱的游击战，造成了许多难以预料的危险。

在沙梅的归途上，大西洋蒸散着暑气。小姑娘终日沉默着。甚至看着从油腻腻的海水里飞跃出来的鱼儿，都没有一点笑容。

沙梅照顾苏珊娜无微不至。当然他也明白，她期望他的不仅是照顾，而且还要温柔。可是他，一个殖民军团的大兵，能想得出什么温柔来呢？他有什么办法使她快活呢？掷骰子吗？或者唱出兵营里粗野的小调吗？

但总不能老是这样沉默下去。沙梅越来越频繁地感到小姑娘用困惑的目光望着他。最后他决定把自己一生的经历片片断断地讲给她听，把英吉利海峡沿岸一个渔村的极琐碎的小事情都回想了起来：那里的流沙、落潮后的水洼、有一口破钟的小礼拜堂、给邻居们医治胃病的他的母亲。

在这回忆里，沙梅找不出任何能使苏珊娜快活的有趣的东西。但是叫他奇怪的是，小姑娘却贪婪地倾听着这些故事，甚至常常逼他翻来覆去地讲，在一些新的小事情上追根问底。

沙梅竭力回想，想出了这些详情细节，最后，简直连他自己都不敢相信是否真正有过这些事情了。这已经不是回忆，而是回忆的淡薄的影子。这些影子好像一小片薄雾似的随即消散了。的确，沙梅从来也没想到他还要来重新回想他一生中这一段多余的时期。

有一次，他朦胧地想起一朵金蔷薇的故事来。在一家老渔妇的屋子里，在十字像架上，插着一朵做工粗糙、色泽晦暗的金蔷薇；不知道是他看见过这朵金蔷薇呢，还是从旁人那儿听到过这朵蔷薇的故事。

不，说不定，他有一次甚至亲眼看见过这朵金蔷薇，并且还记得它怎样闪烁发光，虽然窗外并没有阳光，而且在海峡上空咆哮着惨厉的风暴。沙梅越来越清楚地想起了这朵蔷薇的光辉——低矮的天花板下面的几点明亮的火光。

全村的人都很奇怪：为什么这位老太婆没有卖掉这个宝贝。要是卖掉它，她可以得到很大一笔钱。只有沙梅的母亲一个人肯定说卖掉这朵

金蔷薇是有罪的，因为这是当她，这位老太婆，还是一个好小的小姑娘，在奥捷伦一家沙丁鱼罐头工厂做工的时候，她的情人祝她"幸福"送给她的。

"这样的金蔷薇在世界上不多，"沙梅的母亲说，"可是谁家要有它，就一定有福。不只是这家人，就是谁碰一碰这朵蔷薇都有福。"

沙梅当时还是个孩子，他焦急地等着老太婆有一天会幸福起来。但根本连一星幸福的模样也看不出来。老太婆的房子不断为狂风所摇撼，而且在晚上屋子里边灯火也没有了。

沙梅就这样离开了村子，没等看到老太婆的命运有什么好转。只过了一年，在哈佛耳，一个相识的邮船上的火夫告诉他，老太婆的儿子忽然从巴黎来了。他是一个画家，满腮胡子，是一个快乐的古里古怪的人物。从那个时候起，老太婆的茅舍已经跟以前大不相同了。里面充满了生气，过着无忧无虑的日子。据说，画家们东抹一笔西抹一笔可能赚大钱呢。

有一次，沙梅坐在甲板上，拿他的铁梳子给苏珊娜梳理她那被风吹乱了的头发，她向他说：

"约翰，有没有人会给我一朵金蔷薇？"

"什么都可能，"沙梅回答说，"絮姬，你总也会碰见一个怪人送你一朵的。我们那一连有一个瘦瘦的士兵。他可太走运了。他在战场上捡到了半口坏了的金假牙。拿这个我们整连人都喝了个够。我还是在安南战争的时候呢。醉醺醺的炮手为了寻开心，放了一炮，炮弹落到一座死火山的喷火口上，就在那里爆炸了，不料火山也开始喷烟爆发起来。鬼晓得这座火山叫什么来着！仿佛叫克拉卡·塔卡。爆发得可真够瞧的！毁了四十个老乡。想想看，就因为这么半口旧的金假牙，死了这许多人！后来才晓得这个金假牙是我们上校丢掉的。当然，这件事情暗中了结了：军团的威信高于一切。不过那一次我们可真喝了个痛快。"

"这是在什么地方？"絮姬怀疑地问。

"我不是告诉你了——在安南。在印度支那。在那个地方，海洋冒着火，就和地狱一般，而水母却像芭蕾舞女的镶花边的小裙子。而且那个

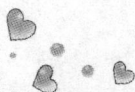

地方，那种潮湿劲儿呀，一夜工夫，我们的靴子里就长出了蘑菇！若是我撒谎，就把我吊死！"

以前，沙梅听过很多当兵的说谎话，但是他自己从来没说过。并不是因为他不会说谎，只不过是没有这种需要。而现在他认为使苏珊娜快活是他的神圣的职务。

沙梅把小姑娘带到了里昂，当面把她交给了一位皱着黄嘴唇的高个子妇人——苏珊娜的姑母。这位老妇人满身缀着黑玻璃珠子，好像马戏班子里的一条蛇。

小姑娘一看见她，就紧紧地挨着沙梅，抓住了他的褪了色的军大衣。

"不要紧！"沙梅低声说，轻轻地推了一下苏珊娜的肩膀。"我们当兵的也不挑拣连里的长官。忍着吧，絮姬，女战士！"

沙梅走了。他好几次回头张望这幢寂寞的屋子的窗户，连风都不来吹动这里的窗幔。在窄狭的街道上，能听见小店里的倥偬的时钟报时声。在沙梅的军用背囊里，藏着絮姬的纪念品——她辫子上的一条蓝色的揉皱了的发带。鬼知道为什么，这条发带有那么一股幽香，好像在紫罗兰的篮子里放了很久似的。

墨西哥的热病摧毁了沙梅的健康。军队也没给他什么军衔，就把他遣散了，以一个普普通通的大兵身份，去过老百姓的生活了。

多少年在同样贫困中过去了。沙梅尝试过各种卑微的职业。最后，成了一个巴黎的清洁工。从那时起，灰尘和污水的气味，总没离开过他。甚至从塞纳河飘过来的微风中，从街心花园中衣衫整洁的老太婆们兜售的含露的花束里，他都嗅到了这种气味。

日子溶成为黄色的沉渣。但是有的时候在沙梅的心灵里，在这些沉渣中，浮现出一片轻飘的蔷薇色的云——苏珊娜的一件旧衣服。这件衣服曾有一股春天的清新气息，也仿佛在紫罗兰的篮子里放了很久似的。

苏珊娜，她在哪儿呢？她怎么了？他知道她现在已经是一个成年的姑娘了，而她父亲已经负伤死了。

沙梅总想要到里昂去看看苏珊娜。但每次他都延期了，直到最后他明白已经错过了时机，苏珊娜完全把他忘记了。

　　每逢他想起了他们临别时的情景，他总骂自己是笨猪。本来应该亲亲小姑娘，而他却把她往母夜叉那边一推说："忍着吧，苏珊娜，女战士！"

　　大家都知道清洁工都在夜深人静的时候工作。这有两个原因：首先是因为由紧张但并不是常常有益的人类活动所产生的垃圾，总是在一天的末尾才积聚起来，其次是巴黎人的视觉和嗅觉是不许冒犯的。夜阑人静的时候，除了老鼠而外，差不多没有人会看到清洁工的工作。

　　沙梅已惯于夜间的工作，甚至爱上了一天里的这个时辰。尤其是当曙光懒洋洋地冲破巴黎上空的时候。塞纳河上漫着朝雾，但它从来也没越出过桥栏。

　　有一次，在这样雾蒙蒙的黎明里，沙梅由荣誉军人桥上经过看见了一个年轻的女人，穿着淡紫色镶黑花边的外衫。她站在栏杆旁边，凝望着塞纳河。

　　沙梅停下了步子，脱下了尘封的帽子说道：

　　"夫人，这个时候，塞纳河的河水是非常凉的。还是让我送您回家去吧。"

　　"我现在没有家了。"女人很快地回答说，同时朝着沙梅转过脸来。

　　帽子从沙梅的手里掉下来了。

　　"絮姬！"他绝望而兴奋地说。"絮姬，女战士！我的小姑娘！我到底看到你了！你恐怕忘记我了吧。我是约翰·埃尔奈斯特·沙梅，第二十七殖民军的战士，是我把你带到里昂那位讨厌的姑母家里去的。你变得多么漂亮了啊！你的头发梳得多好呀！可我这个勤务兵一点也不会梳！"

　　"约翰！"这个女人突然尖叫一声，扑到沙梅身上，抱住了他的脖子，放声大哭。"约翰，您还和那个时候一样善良。我全部记得！"

　　"咦，说傻话！"沙梅喃喃地说，"我的善良对谁有什么好处？你怎么了，我的孩子？"

　　沙梅把苏珊娜拉到自己身旁，做了在里昂没敢做的事——抚着、吻着她那华丽的头发。但他马上又退到一边，生怕苏珊娜闻到他衣服上的鼠臊味。但苏珊娜挨在他的肩上更紧了。

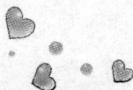

"你怎么，小姑娘？"沙梅不知所措地又重复了一遍。

苏珊娜没回答。她已经止不住痛哭。沙梅明白了，暂时什么也不要问她。

"我，"他急急忙忙地说道，"在碉堡那边有一个住的地方。离这里有些儿路。屋子里，当然，什么也没有。然而可以烧烧水，在床上睡睡觉。你在那儿可以洗洗脸休息休息。总之，随你愿意住多久。"

苏珊娜在沙梅那里住了五天。这五天巴黎的上空升起了一个不平凡的太阳。所有的建筑物，甚至最古旧、煤熏黑了的，每座花园，甚至沙梅的小窠，都像珠宝似的在这个太阳的照耀下灿烂发光。

谁没体味过因浓睡着的年轻女人的隐约可闻的气息而感到的激动，那他就不懂得什么叫温柔。她的双唇，比湿润的花瓣更鲜艳，她的睫毛，因缀着夜来的眼泪而晶莹。

是的，苏珊娜所发生的一切，不出沙梅所料。她的情人，一个年轻的演员，变了心。但苏珊娜住在沙梅这里的五天时间，已经足够使他们重归于好了。

沙梅也参与这件事。他不得不把苏珊娜的信送给这位演员，同时，当他想要塞给沙梅几个苏作茶钱的时候，他又不得不教训了这个懒洋洋的花花公子要懂得礼貌。

不久，这个演员便坐着马车接苏珊娜来了。而且一切应有尽有：花束、亲吻、含泪的笑、悔恨和不大自然的轻松愉快。

当年轻的人们临走的时候，苏珊娜是那样匆忙，她跳上了马车，连和沙梅道别都忘记了。但她马上觉察出来，红了脸，负疚地向他伸出手来。

"你既然照你的兴趣选择了生活，"沙梅最后对她埋怨地说，"那就祝你幸福。"

"我还什么都不知道。"苏珊娜回答说，突然眼眶里闪着泪光。

"你别激动，我的小娃娃。"年轻的演员不满意地拉长声音说，同时又重复道："我的迷人的小娃娃。"

"假如有人送给我一朵金蔷薇就好了！"苏珊娜叹息说，"那便一定会幸福的，我记得你在船上讲的故事，约翰。"

"谁知道呢!"沙梅回答说,"可是不管怎样,送给你金蔷薇的不会是这位先生。请原谅,我是个当兵的。我不喜欢这种绣花枕。"

年轻人互相看了一眼。演员耸了耸肩膀。马车向前开动了。

通常,沙梅把一天从手工作坊扫出来的垃圾统统扔掉。但是在这次跟苏珊娜相遇之后,他便不再把那从首饰作坊扫出来的垃圾扔掉了。他开始把这里的尘土悄悄地收到一起,装到口袋里,带到他的草房里来。邻居们认为这个清洁工"疯了"。很少有人知道,在这种尘土里有一些金屑,因为首饰匠们工作的时候,总要锉掉少许金子的。

沙梅决定把首饰作坊的尘土里的金子筛出来,然后把这些金子铸成一块小金锭,用这块金锭,为了使苏珊娜幸福,打成一朵小小的金蔷薇。说不定像母亲跟他说过的,它可以使许多普通的人幸福。谁知道呢!他决定在这朵金蔷薇没做成之前,不和苏珊娜见面。

这件事沙梅对谁也没说过。他怕当局和警察。狗腿子们什么事想不到呢!他们会说他是小偷,把他关到牢里去,没收他的金子。怎么说也罢,金子本来是别人的。

沙梅在没入伍之前,曾经在村子里给教区神甫当过雇工,所以他懂得怎样筛簸谷子。这些知识现在用得着了。他想起了怎样簸谷子,沉甸甸的谷粒怎样落到地上,而轻的尘土怎样随风远扬。

沙梅做了一个小筛机,每天深夜,他就在院子里把首饰作坊的尘土簸来簸去。在没有看到凹槽里隐约闪现出来的金色粉末之前,他总是焦灼不安。

不少日月逝去了,金屑已经积成可以铸成一小块金锭。但沙梅还迟迟不敢把它送给首饰匠去打成蔷薇。

他并不是没有钱——要是把这块金锭的三分之一作手工费,任何一个首饰匠都会收下这件活计,而且会很满意的。

问题并不在这里。跟苏珊娜见面的时辰一天比一天近了。但从某一个时候起,沙梅却开始惧怕这个日子。

他想把那久已赶到心灵深处去了的全部温柔,只献给她。只献给絮姬。可是谁需要一个形容憔悴的怪物的温柔呢!沙梅早就看出来,所有

碰上他的人，唯一的愿望便是赶快离开他，赶快忘记他那张干瘪的灰色的脸，松弛的皮肤和刺人的目光。

在他的草房里有一片破镜子。偶尔沙梅也照一下，但他总是发出痛苦的骂声，立刻把它扔到一边去。最好还是不看自己——这个蠢笨的、拖着两条风湿的腿蹒跚着的丑东西。

当蔷薇终于作成了的时候，沙梅才听说絮姬在一年前，已经从巴黎到美国去了，人家说，这一去永不再回来了。连一个能够把她的住址告诉沙梅的人都没有。

在最初的一刹那，沙梅甚至感到了轻松。但随后他那指望跟苏珊娜温柔而轻快的相见的全部希望，不知怎么变成了一片锈铁。这片刺人的碎片，便在沙梅的胸中，在心的旁边，于是他祷告上帝，让这块锈铁快点刺进这颗羸弱的心里去，让它永远停止跳动。

沙梅不再去打扫作坊了。他在自己的草房里躺了好几天，面对着墙。他沉默着，只有一次，脸上露出一点笑容，他立刻拿旧上衣的一只袖子把自己的眼睛捂住了。但谁也没看见。邻居们甚至都没到沙梅这里来——家家都有操心的事。

守望着沙梅的只有那个上了年纪的首饰匠一个人，就是他，用金锭打成了一朵非常精致的蔷薇，花的旁边，在一条细枝上，还有一个小小的、尖尖的花蕾。

首饰匠常常来看沙梅，但没给他带过药来。他认为这是无益的。

果然，沙梅在一次首饰匠来探望他的时候，悄悄地死去了。首饰匠抬起了清洁工的头，从灰色的枕头下，拿出来用蓝色的揉皱了的发带包着的金蔷薇，然后掩上嘎吱作响的门扉，不慌不忙地走了。发带上有一股老鼠的气味。

晚秋时节。晚风和闪烁的灯光，摇曳着苍茫的暮色。首饰匠想起了沙梅的面孔在死后是怎样改变了。它变得严峻而静穆。首饰匠甚至觉得这张面孔的痛楚，是非常好看的。

"生所未赐予的而死却给补偿了。"好转这种无聊念头的首饰匠想到这里，便粗浊地叹息了一声。

首饰匠很快就把这朵金蔷薇卖给了一位不修边幅的文学家；依首饰匠看来，这位文学家并不是那么富裕，有资格买这样贵重的东西。

显然，首饰匠给这位文学家叙述的金蔷薇的历史，在这次交易中起了决定性的作用。

我们感谢这位年老的文学家，多亏他的杂记，有些人才知道从前第二十七殖民军的兵士约翰·埃尔奈特斯·沙梅一生中的这段悲惨的经历。

顺便提一提，这位老文学家在他的杂记中这样写道：

"每一个刹那，每一个偶然投来的字眼和流盼，每一个深邃的或者戏谑的思想，人类心灵的每一个细微的跳动，同样，还有白杨的飞絮，或映在静夜水塘中的一点星光——都是金粉的微粒。"

"我们，文学工作者，用几十年的时间来寻觅它们——这些无数的细沙，不知不觉地给自己收集着，熔成合金，然后再用这种合金来锻成自己的金蔷薇——中篇小说、长篇小说或长诗。"

"沙梅的金蔷薇我觉得有几分像我们的创作活动。奇怪的是，没有一个人花过劳力去探索过，是怎样从这些珍贵的尘土中，产生出移山倒海般的文学的洪流来的。"

"但是，恰如这个老清洁工的金蔷薇是为了预祝苏珊娜幸福而做的一样，我们的作品是为了预祝大地的美丽，为幸福、欢乐、自由而战斗的号召，人类心胸的开阔以及理智的力量战胜黑暗，如同永世不没的太阳一般光辉灿烂。"

（帕乌斯托夫斯基）

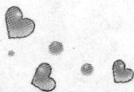

浪之歌

纵使我满腹爱情，而爱情的真谛就是清醒。

我同海岸是一对情人。爱情让我们相亲相近，空气却使我们相离相分。我随着碧海丹霞来到这里，为的是将我这似银的泡沫与金沙铺就的海岸合为一体；我用自己的津液让它的心冷去一些，别那么过分炽热。

清晨，我在情人的耳边发出海誓山盟，于是他把我紧紧抱在怀中；傍晚，我把爱恋的祷词哥吟，于是他将我亲吻。

我生性执拗，急躁；我的情人却坚忍而有耐心。

潮水涨来时，我拥抱着他；潮水退去时，我扑倒在他的脚下。

曾有多少次，当美人鱼从海底钻出海面，坐在礁石上欣赏星空时，我围绕着她们跳过舞；曾有多少次，当有情人向俊俏的少女倾诉着自己为爱情所苦时，我陪伴他长吁短叹，帮助他将衷情吐露；曾有多少次，我与礁石同席对饮，它竟纹丝不动，我同它嘻嘻哈哈，它竟面无笑容。我曾从海中托起过多少人的躯体，使他们死里逃生；我又从海底偷出多少珍珠，作为向美女丽人的馈赠。

夜阑人静，万物都在梦乡里沉睡，唯有我彻夜不寐；时而歌唱，时而叹息。呜呼！彻夜不脚让我形容憔悴。纵使我满腹爱情，而爱情的真谛就是清醒。

这就是我的生活；这就是我终身的工作。

（纪伯伦）

生活是美好的

着我的劝告去做吧，你的生活就会欢乐无穷了。

生活是极不愉快的玩笑，不过要使它美好却也不很难。为了做到这点，光是中头彩赢了 20 万卢布、得了"白鹰"勋章、娶个漂亮女人、以好人出名，还是不够的——这些福分都是无常的，而且也很容易习惯。为了不断地感到幸福，甚至在苦恼和愁闷的时候也感到幸福，那就需要：（一）善于满足现状，（二）很高兴地感到："事情原来可能更糟呢。"这是不难的：

要是火柴在你的衣袋里燃起来了，那你应当高兴，而且感谢上苍：多亏你的衣袋不是火药库。

要是有穷亲戚上别墅来找你，那你不要脸色发白，而要喜气洋洋地叫道："挺好，幸亏来的不是警察！"

要是你的手指头扎了一根刺，那你应当高兴："挺好，多亏这根刺不是扎在眼睛里！"

如果你的妻子或者小姨练钢琴，那你不要发脾气，而要感谢这份福气：你是在听音乐，而不是听狼嗥或者猫的音乐会。

你该高兴，因为你不是拉长途马车的马，不是寇克的"小点"，不是旋毛虫，不是猪，不是驴，不是茨冈人牵的熊，不是臭虫。……你要高兴，因为眼下你没有坐在被告席上，也没有看见债主在你面前，更没有主笔土尔巴谈稿费问题。

如果你不是住在边远的地方，那你一想到命运总算没有把你送到边远的地方去，你岂不觉着幸福？

要是你有一颗牙痛起来，那你就该高兴：幸亏不是满口的牙痛起来。

210

　　你该高兴，因为你居然可以不必读《公民报》，不必坐在垃圾车上，不必一下子跟三个人结婚。……

　　要是你给送到警察局去了，那就该乐得跳起来，因为多亏没有把你送到地狱的大火里去。

　　要是你挨了一顿桦木棍子的打，那就该蹦蹦跳跳，叫道："我多么运气，人家总算没有拿带刺的棒子打我！"

　　要是你的妻子对你变了心，那就该高兴，多亏她背叛的是你，不是国家。

　　依此类推。……朋友，照着我的劝告去做吧，你的生活就会欢乐无穷了。

（佚　名）

烦扰的心灵

　　　　一个更柔软的胸脯的轻轻触压，一颗更纯洁的心灵静静的跳动，

　　并把它的和平宁静传给你那烦扰的心灵

　　当你第一个从午夜梦中惊起，在半梦半醒之间挣扎时，那是多么奇异的一刻呀！突然睁开双眼，你似乎惊奇于梦中的角色已全部汇集到你的床边，在其迅速变模糊之前，你放眼扫视过他们。或者，换一种比喻，一瞬间你发现自己在幻觉的王国里（睡眠是通往该王国的通行证）完全清醒着，看到了王国中幽灵般的居民和美丽的风景，感受着他们的奇妙，仿佛只要梦境被扰，你就永不会得到。遥远的教堂钟声在风中微弱地飘来。你半严肃地问自己，是否有人从某座伫立在你梦境里的灰塔中为你那只醒着的耳朵偷来这钟声。悬而未决中，越过沉睡的城镇，另一座钟又发出了巨大的鸣响，声音如此洪亮清晰，在周遭的空气中留下长长的、低沉而连续的回

声，你确信它一定是发自最近角落的一座教堂尖塔。你数着钟鸣——一下——二下——然后它们停在那儿，伴随着一声沉重的回响，就如同这座钟拼尽全力又敲响了第三下。

如果你能从一整夜中选出清醒的一小时，那就是此刻。你有合理的入睡时间（十一点钟），所以你的休息已足以消除昨日疲惫的重压；一直到来自"遥远的中国"的阳光照亮你的窗口，你面前呈现的几乎是整个夏夜的空间；一个小时陷入沉思，将心门半掩，两个小时在快乐的梦中流连，再留两个小时沉浸在那些最奇妙的享受中，快乐和忧愁同样健忘。起床属于另一段时间，而且显得如此遥远，带着灰心沮丧想从暖暖的被窝里爬出来置身于寒冷的空气中，简直是不可能的。昨天已经消失在过去的影子里；明天还未从未来中显现。你发现了一个中间地带，生活的琐事还未侵扰它的安宁；眼前的时刻在这里徘徊不去，真正地变成现实；时间老人发现在这儿无人注视他，便在路边坐下来喘口气。哈，他会沉沉睡去，让人们长生不老！

迄今你一直极安静地躺着，因为哪怕是最轻微的动作也会使人持续的睡眠消失无踪。现在，你感到一种无法回避的清醒，透过拉到一半的窗帘向外偷瞥，看到玻璃上装饰的满是冰霜的杰作，而每块窗玻璃都代表着一种类似于冻结的梦一样的东西。等待吃早饭的召唤时会有足够的时间找出其中的相似。透过玻璃上未结霜的部分看去，被冰雪覆盖的银白色的山峰并没有上升，最触目的东西是教堂的尖顶；白色的塔尖引你望向风雪交加的天空。你几乎可以辨别出刚刚报过时的那座钟上的数字。如此寒冷的天空，覆满皑皑白雪的屋顶，冰冻的街道那长长的远景，到处都是耀眼的白色，远处的水已凝成冰岩，尽管身上裹着四床毛毯和一条毛制盖被，这一切仍会使人不寒而栗。但是，你看那颗光彩夺目的星！它的光束不同于所有其他的星星，竟然用深于月光的一束光芒将窗影洒在床上，尽管轮廓如此的模糊。

你将身体缩进被窝，蒙住头，一直颤抖着，但来自体内的寒冷远逊于直接想到极地空气所带来的寒冷。实在是冷极了，连思想都不敢外出冒险。用尽了床上所有的御寒物，你思索着自己的奢华和舒适，如同一

只壳中牡蛎，满足于一种无行动的懒散的沉迷，除了那诱人的温暖，就像你现在重新感觉到的一样，你昏昏沉沉地意识不到任何东西。啊！那个念头带来了可怕的后果。想到那些死人正躺在他们冰冷的裹尸布和狭窄的棺木中，想到墓地那阴郁窒闷的冬天，当雪花不断吹积在他们的墓丘上，刺骨的冷风在墓穴的门外怒号时，你无法说服自己不去想象他们正在恐缩发抖。这种阴郁的想法会越积越重，最终扰乱你清醒的那一小时。

每颗心灵的深处都有一座墓穴和地牢，尽管外界的光、音乐及狂欢可能使我们暂忘却它们和它们中所掩埋的死者及关押的囚犯。但有时，最经常的是在午夜，那些黑暗的藏身之所的大门会砰然大开。在像这样的一小时中，心灵会产生一种消极的敏感，但却没有任何活力了；想象就如同一面镜子，没有任何选择和控制的力量，而使思维变得栩栩如生；然后祈求你的悲伤睡去，祈求悔恨的兄弟不要打碎其锁链。太晚了！一辆灵车滑到你的床边，"激情"与"感情"以人形出现在车中，而心中的一切则在眼中幻化成模糊的幽灵。这里有你最早的"悲哀"，一个年轻的苍白的哀悼者，具有一个与初恋相似的姐妹，那是一种哀绝的美，忧郁的脸上现出一种神圣的甜蜜，黑貂皮外衣中流露着典雅。接着出现的是被毁坏了的可爱的幽灵，金发中带着尘土，鲜艳的衣服都已褪色且破烂不堪，她低垂着头不时地偷看你一眼，像是怕受责备；她就是你多情而虚妄的"希望"；现在人们叫她"失望"。然后又出现了一个更严厉的影子，他双眉紧锁，表情和姿态中显出铁样的权威；除了"灾难"再无其他名字更适合于他，他是控制你命运的不祥之兆；他是个魔鬼，在生活的开端你也许会因犯了某些错误受制于他，而一旦屈从于他，你就会永远受他奴役。看哪！那些刻在黑暗中的凶残的脸，那因轻蔑而扭歪的唇，那只活动的眼中流露出的嘲弄，那尖尖的手指，触痛着你心中的疮疤！还记得某件即使躲在地球上最偏僻的山洞里你也会为之脸红的大蠢事吗？那么承认你的"羞耻"。

走开，这帮讨厌的家伙！对一个清醒而又极悲惨的人来说，没有被一群更凶残的家伙围住就算不错了。那群家伙是藏在一颗负罪的心中的

魔鬼，而地狱就筑在那颗心中。假如"悔恨"以一个被伤害的朋友的面目出现会怎样？假如魔鬼穿着女人的衣裙，在罪恶和孤寂中带着一种苍白凄恻之美慢慢躺在你身边，又会怎样？假如他像具僵尸一样站在你的床脚，裹尸布上带着血迹，那又会怎样？没有这样的罪行，心灵的梦魇也就足够了，这灵魂沉沉的堕落；这心中寒冬般的阴郁；这脑海里模糊的恐惧与室内的黑暗融合在一起。

通过绝望的努力，你终于坐直了身子，从一种神志清醒的睡眠中挣扎出来，疯狂地盯着床的四周，仿佛除了你烦扰的心灵外魔鬼们无处不在。同时，炉中昏昏欲睡的炉火发出一道光亮，把整个外间屋映得一片灰白，火光透过卧室的门摇曳不安，但却未能完全驱散室内的昏暗。你的双眼搜寻着任何能够提醒你有关这个活生生的世界的东西。你热切而细密地注意到炉旁的桌子，桌上的一本书，书页间一把象牙色的小刀，未折的书页，帽子及掉落的手套。很快，火焰就熄灭了，整个景象也随之消失，尽管当黑暗吞噬了现实时，其画面还片刻存留于你心灵的眼中。整个室内一如从前的模糊暗淡，但在你心中却已不再是相同的阴郁。当你的头又落回枕上的时候，你想（小声地说了出来），在这样的夜的孤寂中，感受一种比你的呼吸更轻柔的呼吸起落，一个更柔软的胸脯的轻轻触压，一颗更纯洁的心灵静静的跳动，并把它的和平宁静传给你那烦扰的心灵，就如同一位多情的睡美人正在将你拖入她的黑甜乡，那是怎样的一种至乐呀！

她感染了你，尽管她只存在于那幅转瞬即逝的画面中。在梦与醒的边界，你常常陷入一片繁华似锦的地方，这时你的思想便走马灯般以图画的形式出现在眼前，彼此毫无关联，但却被一种弥漫着的喜悦和美好全部同化了。那些美丽的回忆在阳光下闪闪发光，不停地旋转飞舞，伴着教室门旁、老树下隐约闪现的斑驳树影中及乡间小路的角落里孩子们的欢笑。你在太阳雨中伫立，那是一场夏季阵雨，你在一片秋天的森林中阳光辉映下的树木间漫步，抬头仰望那道最灿烂明亮的彩虹，如一道弯弓架在尼亚加拉大瀑布在美国境内的那片完整的雪被子上。一位年轻人刚刚娶了新娘，幸福的喜悦正在洞房中跳荡，春天里鸟儿们在为它们

新筑的巢兴奋地飞来飞去，不停地在鸣啭歌唱，而你的心却在二者之间快乐地挣扎。封冻之前你感受到一只船欢快的跳动；灯火斑斓的舞厅中，当玫瑰花似的少女在她们最后的、最欢快的舞曲中旋转时，你发觉自己正盯视着她们极富韵律感的双脚；当大幕落下，遮住那优美活泼的一幕场景时，你发现自己正置身于一家拥挤不堪的剧院中灯火辉煌的二楼厅座。

　　你不情愿地开始抓住意识，通过在人的生活及现在已消逝的那一小时之间所做的模糊的比较，你证明自己处于半梦半醒之间。在这二者之中，你都是从神秘中出现，通过一种你能够产生却不能完全控制的变化，向上进入到另一神秘。现在远处的钟声又传了过来，声音越来越弱，而此时你却更深地陷入了梦中的旷野。这是为暂时的死亡而鸣响的丧钟。你的灵魂已经出发，像一个自由公民到处流浪，置身于朦胧世界的人群中，看到奇异的风景，却没有一丝惊异和沮丧。那最后的变化或许会如此平静，那灵魂通向永恒的家的入口处或许会如此毫无干扰，就像置身于熟识的事物之中！

（霍桑）

美

　　　我们在完满的真实中看到的痛苦，其实不是痛苦，而是欢乐。

　　夕阳坠入地平线，西天燃烧着鲜红的霞光，一片宁静轻轻落在梵学书院娑罗树的枝梢上，晚风的吹拂也便弛缓起来。一种博大的美悄然充溢我的心头。对我来说，此时此刻，已失落其界限。今日的黄昏延伸着，

延伸着，融入无数时代前的邈远的一个黄昏。在印度的历史上，那时确实存在隐士的修道院，每日喷薄而出的旭日，唤醒一座座净修林中的鸟啼和《娑摩吠陀》的颂歌。白日流逝，晚霞鲜艳的恬静的黄昏，召唤终年为祭火提供酥油的牛群，从芳草萋萋的河滨和山麓归返牛棚。在印度那纯朴的生活，肃穆修行的时光，在今日静谧的暮天清晰地映现。

我忽然想起，我们的雅利安祖先，一天也不曾忽视一望无际的恒河平原上日出和日落的壮丽景象。他们从未冷漠地送别晨夕和晚祷。每位瑜珈行者和每家的主人，都在心中热烈欢迎迷人的景色。他们把自然之美迎进了祭神的庙宇，以虔诚的目光注望美中涌溢的欢乐。他们抑制着激动，稳定着心绪，将朝霞和暮色溶入他们无限的遐想。我认为，他们在河流的交汇处，在海滩，在山峰上欣赏自然美景的地方，不曾营造自己享受的乐园；在他们开辟的圣地和留下的名胜古迹中，人与神浑然一体。

暮空中萦绕着我内心的祈祷：愿我以纯洁的目光瞻仰这美的伟大形象，不以享乐思想去黯淡和去贬低世界的美，要学会以虔诚使之愈加真切和神圣。换句话说，要弃绝占有它的妄想，心中油然萌发为它献身的决心。

我又觉得，认识到真实是美，美是崇伟，不是件容易的事。我们摈弃许多东西，把厌烦的许多东西推得远远的，对许多矛盾视而不见，在合乎心意的狭小范围内，把美当作时髦的奢侈品。我们妄图让世界艺术女神沦为女婢，羞辱她，失去了她，同时也丧失了我们的福祉。

撇开人的好恶去观察，世界本性并不复杂，很容易窥见其中的美和神灵。将察看局部发现的矛盾和形变，掺入整体之中，就不难看到一种恢宏的和谐。

然而，我们不能像对待自然那样对人。周围的每个人离我们太近，我们以特别挑剔的目光夸大地看待他的小疵。他短时的微不足道的缺点，在我们的感情中往往变成非常严重的过错。贪欲、愤怒、恐惧妨碍我们全面地看人，而让我们在他人的小毛病中摇摆不定。所以我们很容易在寥廓的暮空发现美，而在俗人的世界却不容易发现。

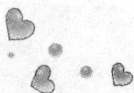

今日黄昏，不费一点力气，我们见到了宇宙的美妙形象。宇宙的拥有者亲手把完整的美捧到我们的眼前。如果我们仔细剖析，进入它的内部，扑面而来的是数不清的奇迹。此刻，无垠的暮空的繁星间飞驰着火焰的风暴，若容我们目睹其一部分，必定目瞪口呆。用显微镜观察我们前面那株姿态优美的斜倚星空的大树，我们能看清许多脉络，许多虬须，树皮的层层褶皱，枝桠的某些部位干枯，腐烂，成了虫豸的巢穴。站在暮空俯瞰人世，映入眼帘的一切，都有不完美和不正常之处。然而，不扬弃一切，广收博纳，卑微的，受挫的，变态的，全部拥抱着，世界坦荡地展示自己的美。整体即美，美不是荆棘包围的窄圈里的东西，造物主能在静寂的夜空毫不费力地向世人昭示。

强大的自然力的游戏惊心动魄，可我们在暮空却看到它是那样宁静，那样绚丽。同样，伟人一生经受的巨大痛苦，在我们眼里也是美好的，高尚的，我们在完满的真实中看到的痛苦，其实不是痛苦，而是欢乐。

我曾说过，认识美需要克制和艰苦的探索，空虚的欲望宣扬的美，是海市蜃楼。

当我们完美地认识真理时，我们才真正地懂得美。完美地认识了真理，人的目光才纯净，心灵才圣洁，才能不受阻挠地看见世界各地蕴藏的欢乐。

（泰戈尔）

年少的蜗牛没有壳

两个少年的孤单，就这样，因为一次外人的伤害，而融合在一起，生出一朵粲然的花朵。没有谁能够理解，两颗曾经怯懦的心，历经了怎样风雨的冲击，才有了今日这般缤纷的颜色。

那时我是一个瘦瘦的女孩，站在人群里，常被人忽略，体育老师排队，下意识地让我出列，等他先将那些体形匀称、面容柔美的女孩子排完了，才发愁地看我一眼说，把你排到哪里才合适呢？

后来在下雨天，看到那些缩在壳中的蜗牛，突然就很羡慕它们，想着那时的自己，如果有一个温暖坚实的壳，可以在受到伤害的时候，躲入其中，做一个小梦，或者聆听一阵淅淅沥沥的雨声，该有多好。可惜，除了曝晒在众人的视线下焦灼、惶恐、惊惧、无助，我再也找不到可以安放的表情。

那时班里有一个叫乔的男生坐在我后面，他个性孤僻，不爱与人交往，表情里总有一份孤傲与冷漠，他在人群里亦属于形单影只的一个，与人说话时视线总是瞥向别处去，就像那个人不过是一缕无形的风，但是他的成绩却永远排在前面。

我也是偶尔才会与他说话，不过是交作业的时候，让他帮忙传过去，或者打球，不小心踢到他的脚下，跑过去捡的时候，他淡淡地回踢过来，我拘谨地笑笑，向他道声谢谢。有时课堂上分组讨论，我回身过去，看到他依然在俯身疾书，不理会老师的要求，便觉得无趣，想要回转身的时候，他突然说一声"开始吧"，便将自己写在纸上的观点递交给我。这样的交往不多，却还是像那夏日树下的一小片绿阴，将惶惑不安的我遮住，并徐徐地，给我脉脉的清凉。

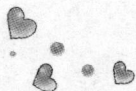

　　我一直以为乔和其他的同学一样，对长在角落里的我漫不经心，也想不起来。我也一直认定，我们两个人是数学上的抛物线，看似从同一个寂寞的原点出发，却是离得愈来愈远，再无相遇的可能。乔注定是要读大学的，他的寡淡，甚至可以被女孩子看做鲜明的个性；而我的未来却渺茫无依，我要到哪里，才能寻到一片可以让我纵情绚烂的泥土？

　　我依然清晰地记得那次数学课，习惯了将我跳过的老师，不知是为了调节课堂的气氛，还是一时兴起，突然叫我回答问题。不过是一个很简单的习题，我却紧张得不行，任自己如何地努力也想不出答案。

　　午后沉闷的教室，因为满脸通红、手足无措的我而有了生气，有人在窃窃私语，有人好奇地回头，目不转睛地盯着我，就像用一把刀子，一下一下地划在我的脸上。而那个向来不正眼看我的老师，嘲讽地瞥我一眼说：还能不能想起来，要不要你后位的乔帮你找到这个答案？

　　我的眼泪哗一下涌出来。我想那时的自己，一定是一只被人残忍地割掉硬壳的蜗牛，明明知道那壳就在身边，却是再也无法缩回到其中。而乔就在这时站了起来，用一种从来没有过的响亮的声音，回答台上的老师：对不起，我也不会这个问题。老师的脸，当即变了颜色，可他还是强压着怒火。可乔，还是固执地保持着沉默。

　　铃声响起的时候，老师忿然扔掉粉笔，摔门而去；我回头，歉疚地看乔一眼，却碰到他温暖的视线，我的眼泪，忍不住又落下来。

　　那以后的一年中，我与乔依然言语不多。我常常将不会的问题写在纸上，悄无声息地递给乔；他的回答，总是详尽，晓畅。我的视线，一行行地看下去，宛若一只飞燕，穿过蒙蒙的细雨，那样的喜悦，让我想要大声地歌唱。

　　而乔甚至学会了微笑，他还在给我解答习题的纸上，画一个微笑的小人儿，没有注释，但我看得明白，他在用这样的方式，表达对这份情谊的感激。

　　两个少年的孤单，就这样，因为一次外人的伤害，而融合在一起，生出一朵粲然的花朵。没有谁能够理解，两颗曾经怯懦的心，历经了怎样风雨的冲击，才有了今日这般缤纷的颜色。

而成长中的那些惧怕、忧伤与落寞，就这样，在这段彼此鼓励的并行时光里，轻烟一样散去。

（佚名）

梦想有多大世界有多大

狮子座的姚良松是一个"充满了太多梦想"的人，他的座右铭是美国肯尼迪航天中心里刻着的那句话：Ifwecandreamit，wecandoit！——如果我们能梦想到，我们就能做到！

他放弃稳定的工作，创业后历经波折，为还债流浪他乡，吃别人没有吃过的苦……时至今日，他成为"中国橱柜大王"，入选富豪榜。

他就是现年45岁的姚良松，广州欧派企业董事长。

他的理想追求是建立一个"美好家园"，一个拥有绿草青青的工厂，有着"公平、光明、团结、自由"文化天空的企业家园，实现物质和精神合一的价值观。

这是一个企业家的最大幸福。

扔掉"铁饭碗"，却买不起茶叶蛋

1986年，姚良松大学毕业后被分配到江西景德镇昌河飞机制造厂的技工学校任教。那时他每月的收入只有60多元，而弟弟和妹妹正在读书，需要他的支援。姚良松东拼西凑借了2000多元，开了一家15平方米的广东餐馆，但半年后就无以为继。

他一咬牙扔掉了"铁饭碗"，正式走上了创业之路。

他借了更多的钱，承包了一家规模更大的酒楼。然而，酒楼在短暂

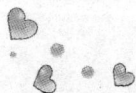

的盈利后，继续亏损，1 万多元的债务让姚良松天天做噩梦，债主们甚至找到了他的老家。

"当时只想着赚钱就能改善自己的境遇，却没有设计好退路。创业就会有风险，总之要理智地想清楚万一失败了怎么办。因为失败会带来非常严重的后遗症，不仅影响自己，还会影响亲戚朋友，受损的不只是金钱，还包括精神和身体。如果不想清楚，有可能一次失败，一生都难以翻身。"

1991 年，姚良松成为浙江平阳无线电厂的医疗器械业务员。那时，医疗器械、保健品类正红火，利润也高。姚良松继而创办了医疗器械公司，一年可赚几十万，终于积累起了自己的第一桶金。

在医疗器械市场上摸爬滚打了三年后，敏锐的姚良松看到了这个行业的发展瓶颈：市场容量有限，竞争激烈；产品生命周期长，销售出去后就要去开拓新市场，不具有可持续性；由于技术和资金原因，不可能做自己的品牌，不能真正创办属于自己的事业……

姚良松思考、考察过许多项目，如健身器材、房地产，甚至包括"客家娘酒"这种极具特色的稀罕项目。但他反复分析后认为，手头的这些项目都不理想。

"辛辛苦苦好几年，一夜回到解放前"

机会偶然发现。那是 1994 年初，姚良松陪妹妹看房子，样板房里精美的橱柜引人注目，妹妹感叹说："将来我的厨房里也能有一套这样的橱柜就太好了！"

橱柜市场的潜力一定不小，这是不是个创业项目呢？

姚良松马上展开了市场调研。当时他们看的橱柜是从欧洲进口的，国内还没有生产类似产品；而进入欧式橱柜这个行业的投资并不大，也基本没有市场竞争……这确实是个极佳的创业切入点。

"众里寻她千百度"，姚良松终于选准了创业项目，进入之前，他谨慎地选择了"投石问路"的办法。

1994 年，他拿出十多万元买了简单的设备和材料，请来技工模仿着做出了 3 套欧式橱柜的样柜；然后在一座写字楼里租了 40 平方米做展厅，把 3 套欧式橱柜搬进去，就开始了橱柜生意。他花 1000 多元钱在《羊城晚报》《南方日报》上作了个烟盒大的广告，然后就静等客户上门。

随后 5 天，竟然接了 60 多套欧式橱柜的订单……

姚良松不再犹豫，拿出自己一半的积蓄 150 万元，注册了"欧派"品牌，创立欧派企业，正式租赁厂房、购买设备，开始了规模化的生产。同时，他还在广州当时的黄金地段租了一个 300 平米的商场，要搞"永不落幕的橱柜展"。

由此，姚良松率先将欧洲"整体橱柜"概念引入中国，成为中国现代橱柜产业的领潮人、"中国厨房革命"的倡导者，培育了中国一个崭新的朝阳行业。

但接下来的发展之路绝非一帆风顺，欧派企业初创就遭遇了资金差点断流、几乎折戟沉沙的危局。客户们的热情似乎在几天内就耗尽了，姚良松开始大规模经营后，反而门可罗雀，找不到客户了。150 万元的投资很快花光，他再投了 50 万元只撑了三个月，再投 50 万元还是经营惨淡……"辛辛苦苦好几年，一夜回到解放前"，心急如焚的姚良松却必须挺下去，拯救危局！

姚良松请来家居专家在电视上作讲座，请来写手在报纸杂志上发表专栏文章，描绘"厨房似厅堂，厨房胜厅堂"的家居环境，倡导"将母亲、妻子从脏乱的厨房里解放出来"的生活理念，展望"欧洲品质，中国价"、"昔日王谢堂前燕，飞入寻常百姓家"的未来……

1994 年底，在姚良松即将花光最后一分钱、殚精竭虑的时候，广州的橱柜市场悄然升温了！欧派企业度过了企业初创、资金断流的危险期，1995 年欧派橱柜的销售收入超过了 2000 万元。此后，姚良松和他的欧派企业走上了迅速发展的快车道。

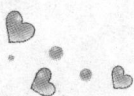

梦想有多大，世界有多大

　　经过 10 年发展，欧派企业的员工已达到 1 万多人，建成了面积 20 万平米的欧派工业园，成为"亚洲橱柜制造中心"；同时，姚良松已将专营店开到了全国 500 多个大中城市，达到 800 多家；一年生产、销售橱柜 10 万余套，是行业第二位的 4 倍……姚良松已是名副其实的"中国橱柜大王"。

　　"不论是经营一家大企业，还是卖冰棍，关键是找到客户。创业能否成功的关键，在于创业者的营销能力。"

　　天道酬勤，姚良松获得了广东省"十大经济风云人物"称号，欧派企业则被全国工商联授予"中国橱柜行业领军品牌"荣誉称号。

　　姚良松的雄心决不仅仅是做"中国橱柜大王"。

　　由于欧派的橱柜专卖店早就被许多厨房家电商盯上，他们想通过欧派的渠道来销售自己企业生产的抽油烟机、灶具等，欧派便顺水推舟，把一些厨房家电都设计到橱柜里，实现真正的"厨房一体化"效果，实现了经营的多元化。

　　但姚良松更大的计划是整合家居产业，将所有的家居如沙发、床等都纳入欧派旗下，并在全国建起 2000~3000 个销售网点。这个计划实现后，欧派将组建起以欧派橱柜为旗舰，以欧派厨电、欧派卫浴、欧派衣柜、欧派建材等为舰队的欧派整体家居舰群——欧派企业集团。

　　宏大的计划，验证着姚良松说过的那句话，"创业的追求无极限"。狮子座的姚良松是一个"充满了太多梦想"的人，他的座右铭是美国肯尼迪航天中心里刻着的那句话：If we can dream it, we can do it! ——如果我们能梦想到，我们就能做到！

　　　　　　　　　　　　　　　　　　　　　　　　　　（齐树峰）

爱因斯坦的镜子

他时时用自己，终于映照出了他生命的熠熠光辉。

爱因斯坦小的时候是个十分贪玩的孩子。他的母亲常常为此忧心忡忡，母亲的再三告诫对他来讲如同耳边风。直到 16 岁的那年秋天，一天上午，父亲将正要去河边钓鱼的爱因斯坦拦住，并给他讲了一个故事，正是这个故事改变了爱因斯坦的一生。故事是这样的："昨天，"爱因斯坦父亲说，"我和咱们的邻居杰克大叔去清扫南边工厂的一个大烟囱。那烟囱只有踩着里边的钢筋踏梯才能上去。你杰克大叔在前面，我在后面；我们抓着扶手，一阶一阶地终于爬上去了。下来时，你杰克大叔依旧走在前面，我还是跟在他的后面。后来，钻出烟囱，我们发现了一个奇怪的事情：你杰克大叔的后背、脸上全都被烟囱里的烟灰蹭黑了，而我身上竟连一点烟灰也没有。"

爱因斯坦的父亲继续微笑着说："我看见你杰克大叔的模样，心想我肯定和他一样，脸脏得像个小丑，于是我就到附近的小河里去洗了又洗。而你杰克大叔呢，他看见我钻出烟囱时干干净净的，就以为他也和我一样干净呢，于是就只草草洗了洗手就大模大样上街了。结果，街上的人都笑痛了肚子，还以为你杰克大叔是个疯子呢。"

爱因斯坦听罢，忍不住和父母一起大笑起来。父母笑完了，郑重地对他说："其实，别人谁也不能做你的镜子，只有自己才是自己的镜子。拿别人做镜子，白痴或许会把自己照成天才的。"爱因斯坦听了，顿时满脸愧色。

爱因斯坦从此离开了那群顽皮的孩子们。他时时用自己做镜子来审视映照自己，终于映照出了他生命的熠熠光辉。

（佚名）

病房里的感动

大家都被感动着，被那孩子感动着，被孩子的母亲感动着。

晚上 9 时，医院外科 3 号病房里新来了一位小病人。小病人是个四五岁的女孩。女孩的胫骨、腓骨骨折，在当地做了简单的固定包扎后被连夜送到了市医院，留下来陪着她的是她的母亲。

大概因为是夜里，医院又没有空床，孩子就躺在担架上放在病房冰冷的地板上。孩子的小脸煞白，那位母亲一直用自己的大手握着孩子的小手，跪在孩子的身边，眼睛一眨也不眨地盯着孩子的脸。

"妈妈，给我包扎的叔叔说过几天就好了，是不是？"

"是！"母亲的脸上竟然挂着慈爱的笑，好像很轻松的样子。

"妈妈，那要过几天？"孩子的声音很小。

"用不了几天，孩子。"

孩子没有说话，闭上眼睛，眼泪流了出来。

过了一会儿，孩子说："妈妈，我疼！"

母亲弯下身子，把自己的脸贴在孩子的小脸上，用自己的脸擦干孩子的泪水。当她抬起头的时候脸上依然挂着那种轻松的慈爱的笑："妈妈给你讲故事好吗？"孩子点点头，眼泪还是不停地流下来。

母亲讲的故事很简单：大森林里的动物们都来给大象过生日。它们各自都送给大象珍贵的礼物，只有贫穷的小山羊羞怯地讲了一个笑话给大象，大象却说，小山羊给大家带来了欢乐，它的礼物是最值得珍惜的。

不知道母亲为什么选了这样一个故事。孩子的眼睛亮起来，她一边用手抹眼泪，一边用快活的声音说："妈妈，它们有蛋糕吗？我过生日的时候你是不是也会给我买最大的蛋糕？"

　　"当然要买蛋糕，等你好了，出院的时候我们就一起去买蛋糕。"母亲的声音那样轻快，孩子也笑了。

　　"妈妈，再讲一遍。"于是，母亲就一遍一遍地讲下去，她的手一直握着孩子的小手，脸上挂着轻松的慈爱的笑。

　　女孩终于忍不住了，眼泪再次流下来："妈妈，我很疼！"并轻声哼起来。母亲一边给孩子擦眼泪一边问："你想大声哭吗?"孩子点点头。病房却是出奇的安静，不知道是不是大家都睡了。那时已经是夜里11多了。

　　"让妈妈陪你一起疼好吗?"孩子点点头又摇摇头。母亲把自己的手放在女孩的唇边说："疼，你就咬妈妈的手。"孩子咬住了妈妈的手，可是眼泪还是不停地流。

　　后来，孩子终于闭上眼睛睡着了，脸上还挂着泪水，母亲这时却是泪流满面。

　　凌晨3点的时候，孩子就从梦中疼醒了，她叫了一声"妈妈"就轻轻地抽泣起来。母亲忽然没了语言，她不知所措了，嘴里只是轻轻地叫着："我的孩子!"

　　"孩子要哭，你就让她大声地哭吧。"一个声音在房间里响起。"孩子你哭吧。"房间里的人一齐说。他们竟是醒着的。

　　母亲看着孩子的脸，说："想哭就哭吧，好孩子。"

　　"妈妈，叔叔、阿姨不睡了吗?"孩子哽咽着问，眼泪浸湿了她的头发。她的小脸像个天使。

　　屋子里能走动的人都来到了孩子的跟前，一名40岁左右的妇女拿起一个橘子，一边剥皮一边说："吃个橘子吧，小宝贝，吃了橘子，你就不疼了。"说着眼泪滚落在孩子的睑上。孩子吃惊地看着她，然后伸出自己的小手去擦阿姨脸上的泪，那女人更止不住地哭泣起来："我从来没看到过这么懂事的孩子……"

　　那一夜，大家都没有再睡，大家都被感动着，被那孩子感动着，被孩子的母亲感动着。有一个称职的母亲才会有这样优秀的孩子。

　　　　　　　　　　　　　　　　　　　　　　　　　　　　　（佚名）

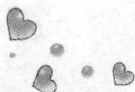